中国酒庄旅游地图

中国酒庄旅游联盟编委会　著

特别鸣谢：
北京创视线国际文化发展有限公司
湘潭君悦传媒发展有限公司

世界图书出版公司
北京·广州·上海·西安

这本书作为中国酒庄旅游联盟鼎力打造的中国酒庄旅游第一书，特邀葡萄酒行业、旅游行业专家从全国上千家酒庄中，严格筛选出34个最佳中国酒庄旅游目的地。不出国门，您就能畅游酒庄。

这是一本非常实用的酒庄自助游指南。它既不同于旅游攻略书籍，也不同于葡萄酒类科普图书。这本书是从酒庄旅游的角度出发，图文并茂，力求全方位地介绍酒庄的美景、美酒、美食，多角度解读传承上千年的中国葡萄酒文化。中国葡萄酒文化在传承中华文明方面，发挥着不可替代的作用。百闻不如一见，去过的朋友感受都是到了酒庄就会爱上它……

图书在版编目（CIP）数据

中国酒庄旅游地图 / 中国酒庄旅游联盟编委会著. -- 北京 ：世界图书出版有限公司北京分公司，2017.11
ISBN 978-7-5192-3911-4

Ⅰ. ①中… Ⅱ. ①中… Ⅲ. ①葡萄酒－酒文化－中国 Ⅳ. ① TS971.22

中国版本图书馆 CIP 数据核字 (2017) 第 270261 号

书　　名　中国酒庄旅游地图
　　　　　ZHONGGUO JIUZHUANG LÜYOU DITU
著　　者　中国酒庄旅游联盟编委会
策划编辑　马红治
责任编辑　马红治　侯　静
排　　版　创视线文化
封面设计　黑白熊

出版发行　世界图书出版有限公司北京分公司
地　　址　北京市东城区朝内大街 137 号
邮　　编　100010
电　　话　010-64038355（发行）　64037380（客服）　64033507（总编室）
网　　址　http://www.wpcbj.com.cn
邮　　箱　wpcbjst@vip.163.com
销　　售　新华书店
印　　刷　北京尚唐印刷包装有限公司
开　　本　787 mm×1092 mm　1/16
印　　张　19
字　　数　372 千字
版　　次　2018 年 1 月第 1 版
印　　次　2018 年 1 月第 1 次印刷
定　　价　188.00 元

序一

2017年12月9日中国酒庄旅游联盟正式成立，同日在中国通化山葡萄酒产区，也是冰酒旅游胜地召开启动仪式。中国酒庄旅游联盟是由中国食品工业协会葡萄酒果酒专家委员会发起，由葡萄酒行业权威专家、产业顾问历时两年多组织论证，由中国最具实力和最具影响力的30余家酒庄共同组建成立，是中国唯一的酒庄文化旅游组织。中国酒庄旅游联盟的成立，推动着中国葡萄酒产业从商品到文化，由文化到生活方式的重要转变。

作为中国酒庄旅游联盟的负责人，我对中国酒庄旅游的未来前景充满信心。酒庄旅游契合当前热门旅游需求的潮流：游客们寻求丰富有趣的实地体验，需要获得权威可靠的专业服务，以及舒适安宁的接待场所。而中国酒庄旅游就提供了一个切入点，从葡萄酒种植和酿造层面，从历史、建筑、文化、美食和交友等诸多方面，令游客们亲身体验到具有代表性的葡萄酒生活艺术，或是中西合璧，或是纯纯的中国味道。

如今界定何为旧世界葡萄酒国家的观念已在改变，新世界葡萄酒国家葡萄酒行业的发展突飞猛进，随之而来的是国人已不再满足于喝杯中酒，实地到酒庄探访成为大势所趋。于是越来越多的中国游客，期待去酒庄旅游，领略不甚了解的酒庄文化，游美景、品美酒、尝美食，体验采摘与酿造的无尽乐趣……亲自体验，亲自品尝，感受中国葡萄酒文化的博大精深。特别是葡萄酒爱好者、旅游爱好者、摄影爱好者更是中国酒庄游的拥戴者。就我所知，很多人花很长时间精心设计中国酒庄深度游的线路。“一杯在手，天下畅游”，简单一句，道尽近年酒庄旅游已经逐渐成为了一种时尚。

今非昔比，如今中国酒庄以酒庄为载体的旅游项目，融中国山水美学、园林美学、建筑美学、葡萄酒酒庄美学大成于一身。中国酒庄在建设之初，就已有了酒庄旅游业的新思维，以相当快的速度完成了旧世界葡萄酒国家经历漫长时间才能完成的事业。中国酒庄游做得越来越正规化、模式化、专业化、规模化，业已向产业化的方向发展。基于此，也有越来越多的外国游客慕名而来，在旅游的同时，进行有益的文化交流。

的确，在发展酒庄游的同时，中国葡萄酒文化亦值得探索，值得推广，值得发扬，相信越来越多的中国人会爱上中国的葡萄酒，被中国的葡萄酒文化所吸引。中国酒庄的大门向您敞开，欢迎您的到来。中国酒庄旅游联盟期待与您同行。

杨强

2017年12月1日

序二

我有幸走遍全中国几乎所有的葡萄产区，除了长三角东南方向外，东西南北中各个地域几乎都有规模化的葡萄酒产区。最东最西省份自不用说，南北已经北到黑龙江和新疆的北疆，南到湖南、广西和云南等地。凡种植葡萄，特别是酿造葡萄酒的地方均景色优美，风光无限。

2017年12月9日，在中国酒庄旅游联盟启动仪式召开的同时，中国第一本关于中国酒庄旅游的图书《中国酒庄旅游地图》如期出版。翻开这本书，便可纵览中国酒庄的风采，领略这大自然的恩赐。书中的地图不只是传统的平面地图，扫一扫酒庄对应的百度地图或者高德地图导航生成的二维码，就可通过手机实时导航自驾线路，大大方便酒庄旅游出行。

百闻不如一见。毋庸置疑，中国酒庄旅游产业是一个具有深厚文化底蕴的朝阳产业。中国酒庄，既拥有大面积的葡萄园，标准化的酿酒车间，亦具备东方典雅与华贵、集休闲娱乐和度假旅游于一体的特色。葡萄酒品饮的礼节、风俗逸闻、饮酒器皿以及文人墨客所创作的与葡萄酒相关的书画、诗文形成了富有特色的中国葡萄酒文化。中国历史悠久的葡萄酒文化，经历了2000余年传统文明的深厚积淀，赋予了中国酒庄游更加独特的中国味道。

回顾历史，我国自西汉张骞出使西域，引进大宛葡萄品种后，在内地葡萄种植区域不断扩展，葡萄酒的酿造也开始盛行，与葡萄、葡萄酒相关的文化也逐渐发展。据古籍、出土资料等记载，在一定程度上揭示了我国的葡萄种植、葡萄酒酿造及葡萄文化经历了自西域开始，由西向东、由北向南、由京城地区向四周扩展的趋势。《史记》载，汉时大宛、康居、大月氏、大夏、乌孙、于阗等地种植葡萄，出产葡萄酒。《史记》卷123《大宛列传》云："大宛在匈奴西南，在汉正西，去汉可万里。其俗土著，耕田，田稻麦，有蒲陶酒。"直到唐朝，葡萄和葡萄酒生产迅速发展。葡萄种植和葡萄酒酿造广泛，尤其是西域、河西、河东的太原地区、河朔。长安和洛阳两京之地在唐时已是葡萄种植和葡萄酒酿酒的重要区域。随着丝绸之路逐渐成为通途大道，中国葡萄酒从帝王将相、皇宫贵族餐桌上的珍贵饮品逐渐变成寻常百姓家也能享用的餐桌美酒。五代至南宋时期，葡萄种植和葡萄酒酿造产地在前代基础上仍有一定的扩展。

葡萄酒，已远远不是一种简单的饮品，具有一种其他饮品无可比拟的灵性。它承载着人类与自然完美结合的使命，交融出具有人类与自然相和谐的文化内涵。而酒庄游之所以让人流连忘返，还有一个原因就是中国葡萄酒独有的社交文化贯穿中国酒庄游始终。和家人一起或和志同道合的好友会聚酒庄，手持美酒一杯，抛弃所有杂念，轻嗅美酒芬芳，细品杯中琼酿，待每个人的血液里都流淌起这种神奇的液体，相信其发梢、眼神、气息乃至举手投足间，都会散射如宝石般的无穷魅力。尽情体验微醺之美，真是一种难得的感官与心灵享受，也许还会有一种“只可意会，不可言传”的顿悟。

更令人兴奋的是，近几年中国葡萄酒产业的国际化视野更加明显，也带动了中国酒庄游的发展和国际化视角。近十年，随着国外葡萄酒的进入，中国葡萄酒市场已进入国际化竞争态势。中国葡萄酒正在加快节奏与世界接轨，国内很多知名酒庄及品牌已经跻身世界舞台。中国的葡萄酒骨干企业在打造国内葡萄酒消费市场的同时，也参与了各大国际葡萄酒赛事。在与全世界葡萄酒盲品对决中，中国葡萄酒屡获佳绩。中国各个产区的优质葡萄酒已经展现出的“天、地、人”合一的典型风味特点，这正是我们需要的风格。同样，中国的酒庄也展现出了中国现代葡萄酒文化与国际现代葡萄酒文化有机融合的风格特色。东西方文明在此交融汇集，凸显了中国葡萄酒文化的博大精深。

于我，中国酒庄游用七个字来形容便是“前行中精彩绽放”，让人无比振奋。走进中国酒庄，不仅让您心旷神怡，流连忘返，还将感受到中国葡萄酒正在创造着属于自己的辉煌，也向全世界呈现中华文明发展的新契机！

相信随着这本书的出版发行，必将让读者全方位了解中国酒庄文化，欢迎更多的读者把酒庄作为旅行线路中不可或缺的一站！与家人共享，与好友分享，独乐不如众乐！

2017年11月18日

温馨导读

本书作为中国酒庄旅游联盟鼎力打造的中国酒庄旅游第一书，书中内容经过不断推敲，以酒庄为线索，详细介绍了中国各省的不同酒庄共34家。这些酒庄从全国上千家酒庄中严格筛选，为联盟推荐最佳中国酒庄旅游目的地。

书中突出描写了酒庄特色的“大热点关键词”“在酒庄这么玩”“美酒配美食，微醺酣畅”以及“酒庄周边特色景点，计划不一样的线路游”等内容。

为了让大家便捷地到达酒庄，书里一一介绍了自驾游路线，飞机、火车到达酒庄的路线。有些附近没有火车站或飞机场的酒庄，会增加介绍长途车到达路线。不仅如此，本书在中国酒庄旅游地图的展示上做了一个新颖的尝试，在每篇酒庄介绍文章的右下角，放上一个导航二维码。它由百度地图或高德地图定位酒庄位置生成。您如果计划好什么时间去酒庄玩。出发时，只要扫一扫书中的二维码，即可跟着百度或高德导航抵达酒庄，沿途还可避开拥堵路线，或者设定最短路径。在书的最后几页，配以中国酒庄旅游手绘地图，可以概况性了解酒庄位置。特别对于像河北昌黎、河北怀来、山东等地的酒庄群，看地图可以迅速了解各地，酒庄间的相对位置。

而为了让大家更深入地了解酒庄，每个酒庄的介绍文章内也都放上了一个二维码。通过扫描二维码可以浏览酒庄微信公众号的内容或酒庄视频。

如今，酒庄的旅游基础设施建设也越来越完善，具备餐饮、娱乐、住宿、商店等设施。为了在正文中不一一赘述，在每个酒庄的介绍文章第三页左下角以符号代替。说明详见温馨导读右页。

另外，书中每个酒庄也都一一介绍了“酒庄里不容错过的酒”和“意犹未尽还想带走的酒”。这些酒或是酒庄的旗舰酒，或是葡萄酒销量排行名列前茅的酒，或是性价比非常高的酒，或特别适合餐酒搭配的酒……它们用酒庄出产的葡萄品种酿造，香气和口感均有特色。

还有一点需要说明的是这些酒的酿酒葡萄品种的名称尚不能全书统一翻译。葡萄酒做为西方的舶来品，对葡萄品种英文名的中文翻译是否能做到一致，也是葡萄酒行业专家们希望做的事情。这件事情看似容易，其实难度很大，目前还没有完全解决。所以书中依旧使用各酒庄的品种翻译名称。

特别值得一提的是，有些葡萄品种名称在中国颇有历史渊源，虽和大家习惯的叫法不一样，但是沿用至今。如解百纳这个葡萄品种的翻译，其实就是大家习惯翻译卡本内（Cabernet）的音译，“解”就是“能够、会”的意思。解百纳据说是将赤霞珠（Cabernet Sauvignon）、品丽珠（Cabernet Franc）和蛇龙珠（Cabernet Gernischet）三种葡萄混在一起酿酒。由于这三种葡萄都有Cabernet这个单词，所以“解百纳”就这样诞生了。

最后，为方便您计划酒庄旅游行程时对酒庄周边景点的参观游玩需求，在每个酒庄的介绍文章最后，都写了酒庄周边推荐的特色景点，并且标上了从酒庄出发到这些景点的距离。但像河北昌黎这样密集的酒庄群，周边景点推荐会有一定重复。

关于手机扫描二维码，百度导航或高德导航酒庄目的

以长城华夏酒庄为例。首先用手机微信扫描二维码。出现图片1的提示“百度想使用您当前的位置”，点“好”（图1）。然后点“到这去”（图2），系统会自动切换到百度地图APP。再点“开始导航”，即图3蓝色按键，使用驾车模式，也可切换到火车或飞机模式。高德导航亦如是。书中有少数酒庄目前无对应名称的导航位置，二维码可帮助找酒庄位置。

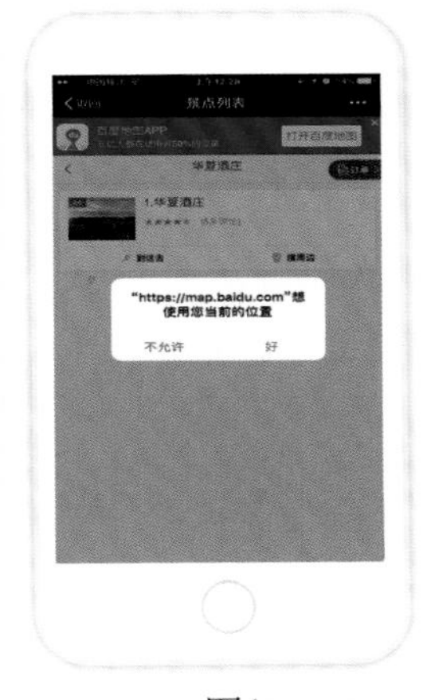

图1

图2

图3

酒庄可以提供的服务项目的符号说明

 旅游咨询

 接待会议

 停车场

 酒庄内商店

 中餐

 Wi-Fi

 西餐

 可带宠物

 住宿

 儿童娱乐设施

部分常见葡萄品种名中英文对照表

中文：赤霞珠
英文：Cabernet Sauvignon

中文：梅露辄、美乐、梅洛
英文：Merlot

中文：黑比诺、黑皮诺
英文：Pinot Noir

中文：霞多丽、莎当妮
英文：Chardonnay

中文：长相思
英文：Sauvignon Blanc

中文：雷司令、薏丝琳
英文：Riesling

目录

北京酒庄旅游热点推荐

天津酒庄旅游热点推荐

山东酒庄旅游热点推荐

陕西酒庄旅游热点推荐

山西酒庄旅游热点推荐

宁夏酒庄旅游热点推荐

甘肃酒庄旅游热点推荐

内蒙古酒庄旅游热点推荐

新疆酒庄旅游热点推荐

吉林酒庄旅游热点推荐

云南酒庄旅游热点推荐

江西酒庄旅游热点推荐

附录

说明

目录先以省 / 市分类做旅游热点推荐。为方便读者快速了解酒庄所在区域，绝大部分酒庄按市·县（区、县级市），或县·乡（镇）再分级标注，少部分酒庄所在区域按当地习惯方式标注。

游“醉”美中国酒庄 享受悠闲慢生活

计划中国酒庄游的行程，只需翻翻书就能轻松搞定。和家人一起出行，特别是和父母一起出行，这样的旅游再适合不过。书中推荐的34家中国酒庄是由葡萄酒行业、旅游行业的专家精挑细选，最终评选出来的旅游最佳目的地。它们既可以是旅游行程中的一站，也可以是安排在酒庄住上几天的深度酒庄游的目的地。

不论怎样的玩法都将是一个奇妙的旅程，全新的体验。远离城市的喧嚣，放松身心，去酒庄享受悠闲慢生活，是多么惬意！中国酒庄的美，美在酒庄建筑气势宏大，美在葡萄园美景如画，简直是一席视觉上的饕餮盛宴。身临其境，放慢脚步，酒窖里弥漫着妙不可言的酒香，有一种未尝酒人先醉的感觉。在酒庄品酒更是乐趣无穷。香气迷人的酒液刺激着您舌尖上的味蕾，再搭配上地方特色美食，和谐完美。如果您愿意，可以选择在这里拍婚纱照、拍艺术照，或者给自己、朋友酿一瓶私人订制的葡萄酒，然后贴上您自制的、独一无二的酒标。走过的酒庄多了，每次的体验不同，才会真正了解中国葡萄酒文化几千年的历史源远流长。也许某一天会油然而生一种强烈的自豪感，更有一种强烈的责任感，愿以己之力，将中国葡萄酒文化传承下去，发扬光大。

中国酒庄游，新玩法新体验

旅行的意义有很多种，有的人希望远离喧嚣的都市，释放积累很久的压力。有的人喜欢去看自然风光，体验各地的人文风情……而对大多数人还是很新鲜的玩法的酒庄旅游，还能诠释旅行的更多意义。

您看过一部经典美国电影《杯酒人生》(Sideways)吗？这是由亚历山大·佩恩（Alexander Payne）自编自导的美国爱情喜剧电影，影片主要讲述了迈尔斯(Miles)，一个落魄的作家，离婚两年，常郁郁寡欢。他的老朋友杰克（Jack），在快要结婚的时候，却想来一场说走就走的旅行，纪念单身的美好时光。于是，他们一拍即合，自驾敞篷车，开始了一段难忘的公路之旅。美国酒庄的美景和田园风光成了影片的主旋律。当看到失意的迈尔斯和影片中的女主人公玛雅（Maya）借由葡萄酒谈人生，那是触动心灵的一段对白，从美酒的滋味，体会到了生命的滋味。也许这是酒庄游更深层次的意义所在。

于是，21世纪初，随着这部电影的热映，美国掀起了一场葡萄酒庄旅游风潮，每逢节假日，一家人驱车前往酒庄度假成了很常规的休闲方式。想象一下，在酒庄品酒，看着杯中美酒摇曳，沉浸在美酒飘香的酒窖环境中，闻一下酒香正浓，品一口回味无穷。与友人共享，不在乎时间的流逝，微醺在这美妙的时刻，唯有亲身体验才可感受其中的意境。

如今，中国酒庄建设如火如荼，勾画着“中国酒庄旅游版图”，中国酒庄游成为了旅游新的热点。不出国门，无须很多的预算，就能体验这种新玩法，真是让人兴奋的一件事。

而《中国酒庄旅游地图》作为第一本介绍中国酒庄旅游的书籍，热推的34家中国酒庄皆是从中国上千家酒庄中经葡萄酒行业和旅游行业专家反复讨论、甄选出来的中国酒庄最佳旅游目的地。

这些酒庄来自中国最美的葡萄酒产区，产区特点鲜明。它们大多位于北纬25°到45°的广阔区域，分布在中国的11省和两个直辖市。它们以北方为主，大部分省市恰在古丝绸之路和茶马古道沿线，正是中国“一带一路”战略中重点发展省市。而中国葡萄酒文化的历史渊源，恰恰与古丝绸之路、茶马古道息息相关。因此，在中国酒庄深度主题旅游中，您可以体验跨越上千年的中国葡萄酒历史文化，感受悠久的历史和当地的风土人情。国内第一个葡萄酒洞藏文化馆、中国唯一的山葡萄酒博物馆、亚洲第一花岗岩大酒窖、中国红酒第一洞、中国第一个橡木桶厂，神秘的尼雅故国，还有很多酒庄的葡萄酒博物馆……都值得一探究竟。而中国第一瓶干红的诞生地——长城华夏酒庄，中国酒庄酒的发源地，中国第一瓶干白的诞生地——长城桑干酒庄，早在1998年就能生产冰酒、1999年就能生产黑比诺干红、也是甘肃乃至西北较早的葡萄酒生产企业——莫高庄园，中国葡萄酒在世界上获得的第一块金牌的酒庄——王朝御苑酒堡，还有荣获1915年巴拿马万国博览会金奖的百年张裕创建的张裕瑞那城堡酒庄……也都值得一探究竟。

而令人神往的是，凡种植葡萄和孕育美酒的地方，要么依山而建、山清水秀；要么靠海而生，海风习习；亦或是沙漠明珠，气势恢宏……酒庄周边有峻美的高山、静美的湖泊、秀美的森林、华美的沙滩，风景如画，美不胜收。中国酒庄旅游版图中既有“接天莲叶无穷碧，映日荷花别样红”的江南烟雨，也有“大漠孤烟直，长河落日圆”的戈壁风情。酒庄北起素有“吉林小江南”之称的集安鸭绿江河谷，南至云南迪庆香格里拉；东临有“海市蜃楼”奇观的蓬莱仙境，西达高山天池、雪峰倒映的天山北麓。

也许您是历史爱好者，想从时间脉络上寻找中国葡萄酒酿酒历史的痕迹，那么不妨先来河北昌黎走访，这里是唐代诗人、文学家、思想家韩愈的故乡。据《昌黎县志》记载，昌黎地区葡萄种植可追溯到明朝万历年间，历史长达300余年，葡萄酒酿造也可追溯到清朝宣统时期。这里山环海抱，天高云淡，风景秀丽，酒庄群集，亦是中国酒庄深度游的最佳选择之一。河北怀涿盆地有着800多年的葡萄种植历史，同样是值得深度酒庄游的最佳产区。这里地处北京西北部，包括宣化、涿鹿、怀来等地区，西起鸡鸣山，有明代京西第一驿站——鸡鸣驿；东至军都山八达岭，是举世闻名的经典长城关隘所在。

陕西是华夏文明重要的发祥地之一。自西汉起就有酿酒传统。走进陕西渭北旱塬产区，美酒醇香，回味无穷。

“贺兰山下果园成，塞北江南旧有名”“赤落蒲桃叶，香微甘草花”的诗句，正是中国早在唐代已经大量栽培葡萄的佐证，也是宁夏贺兰山东麓葡萄产区美酒飘香的真实写照。

或许您是摄影达人，想拍遍人间美景。那么请您跟随我们的脚步踏上旅程。一生必去的云南香格里拉，平均海拔3200米，是世界自然遗产“三江并流”的核心区域。这里的葡萄园就在香格里拉腹地，是全世界海拔最高的葡萄酒产区之一。“待到严寒成佳酿，一片冰醇出太行。”则

是山西黄土高原豪迈气质的写照。葡萄园地处太行山脉，山峦之间，葡园连成一片，犹如绿色的海洋。东北产区包括北纬45°以南的长白山麓和东北平原、鸭绿江河谷地区。这里沟壑纵横，云烟写意，水波荡漾，多少英雄史话，浩然凝聚。内蒙古乌兰布和有商队、马帮避之不及的大漠狂沙，曾经是“五胡”出没的塞外边陲，如今葡萄园在风沙中书写着绿色传奇。千亩良田，碧波荡漾，万亩葡园，春花秋实。素有“通一线于广漠，控五郡之咽喉”之称的古凉州，南邻腾格里沙漠，北靠祁连山，堪称古丝绸之路上的一颗明珠。新疆天山北麓产区，以其天然的光照、气候、土壤微量元素等自然条件，堪称世界级的葡萄酒黄金产地。这里有魔鬼城、胡杨林、雪山天池、岩雕刻画。如此美景，您的婚纱照是否打算在酒庄拍摄呢?

或许您是生活中的美食家，想尝遍美食，品尽美酒，舌尖之旅不容错过。酒庄为您准备好了地道的地方特色美食、用心酿造的让人心醉的酒庄酒。本地美酒配本地美食，相得益彰，相辅相成。山东胶东半岛产区，三面环海，受海洋影响，与同纬度的内陆相比，气候温和，夏无酷暑，冬无严寒，这里是海鲜配干白的美食乐园，当然其他的美酒品种也不容错过。吃罢海鲜来尝鲜果，在江西野果保护区，亚热带的野果应有尽有，走进森林体验别样景观，山区客家风情文化令人流连忘返。

家在北京的朋友，想吃美食何必舍近求远。古有“九河下梢”之说的天津卫，海河边，您也可以觅得独具特色的美食，民间素有“吃鱼吃虾，天津为家”的说法。在气势恢宏、苍翠掩映的欧式酒堡中大快朵颐，也算得上人间美事了吧。

或者您喜欢热闹的场面，喜欢惊喜，酒庄为您准备了很多意想不到的礼物。最重要的一份酒庄专属礼物就是您自己亲手酿的美酒，难得而珍贵。在酒庄您可以零距离参观葡萄酒是怎样从一颗葡萄变成美酒佳酿的酿造过程。还可以在老师的指导下，亲手DIY自酿美酒。国内好多酒庄都专门设有自酿室。每年的9～11月，迎来葡萄园丰收的喜悦，也迎来了酿酒季紧锣密鼓的忙碌。这个时间段来酒庄，会有专业的酿酒师指导，从摘下葡萄，到破皮榨汁，再到浸渍发酵，您都可自己亲自动手。酒庄会帮助自酿者完成后续的陈酿流程，并帮助管理好自酿的葡萄酒，待陈酿结束，完成装瓶。如果幸运的话，酒庄在忙碌之余举办采摘节，那将非常热闹。吃自己亲手采摘的葡萄，脱下鞋子光着脚，站在木桶里踩葡萄，大家欢乐无比，唱着山歌跳着舞，不一会儿，葡萄汁从桶中流出。这是葡萄丰收仪式中重要的环节，也是最古老的脚踩葡萄酿酒法的重要环节。这令人不禁想到另一部经典电影《云中漫步》（A Walk in the Cloud）中一段浪漫场面。保罗·萨顿（Paul Sutton）深深地被葡萄园中的美丽景色所吸引，也被这里的生活深深地吸引。并且，他爱上了美丽的姑娘维多利亚·阿拉贡（Victoria Aragón）。在采摘葡萄的收获仪式上，保罗抱起了维多利亚，炽热的爱情之火在他们心中燃烧。酒庄拥有者阿拉贡家族向四方虔诚祭拜，感谢无所不能的风神赐予了丰收的年景，酿出万古流芳的好酒。

而另一份大礼是深度私人订制，酒庄为您设计个性化的酒标。这样一来，在婚礼上、生日Party上或毕业典礼上，您可以喝到属于自己的、独一无二的葡萄酒。若想把它储存起来，私人储酒管家服务可以把酒封储在酒窖中，任时间流逝，回忆封存瓶中，酒香逐渐深邃。

或者您爱好骑马、游泳、打高尔夫球，或爱看电影，可选择有专业马场、户外泳池、高尔夫球场、5D影院的酒庄。值得一提的是爱做SPA的您，酒庄的葡萄酒SPA不容错过，很有特色。

生命本就是一场旅行，旅行是对生命的另一番解读。中国酒庄旅游是一本“大书”，走进这本书，与快乐、感恩同行。

计划出行前的温馨提示

1、出行时间

全国酒庄游的旺季和常规旅游基本一致，为每年4～11月。其中7～9月是旺季中的旺季。每年12月中旬到次年3月为淡季，但冬季酒庄的雪景很美，如果您想拥有更多的个人体验时间，可以计划在这个时间段。东北地区的酒庄和山西鑫森酒庄一年四季皆旺季，因为冬季不光景美，每年12月，葡萄园的冰葡萄也到了丰收之际，分外喜人。

2、出行方式

自驾游是旅游亮点。建议可找一位不喝酒的朋友或者代驾司机同行，安全第一。也可以租一辆自行车游酒庄，尤其像昌黎酒庄群，酒庄间的路程大多不太远。

3、旅途中的时间安排

建议不必把行程安排得满满当当，总行程时间可几天到两周不等。逢酒庄群，每天最多走访三四家。

4、咨询酒庄旅游咨询中心

除常规咨询外，有些酒庄还可拍婚纱照，举办婚礼，举行晚宴、拍卖会、会议和展览会等，请提前预约时咨询。

河北酒庄旅游热点推荐

河北昌黎产区

长城华夏酒庄
探访亚洲第一大酒窖

Chateau Huaxia-Greatwall

黄山归来不看岳，华夏归来不问酒。1988年创建、中国第一瓶干红的诞生地、国家AAAA级旅游景区、亚洲第一大花岗岩酒窖、唯一一个奥运冠军酒窖……探秘葡萄酒世界，需来长城华夏酒庄一探究竟。这里背倚“东临碣石，以观沧海”的北方神岳碣石山，眺渤海而望。红瓦白墙的欧式建筑，与世纪长城共同构成美丽画卷。从空中俯视，犹如一条长龙盘绕群山之中，连龙须都栩栩如生。作为长城葡萄酒研发中心基地，长城华夏酒庄构筑起一座名副其实的人文科技酒庄。

大热点关键词

要问旅游玩什么？答案千万种。归纳起来，有一类玩家专门挑有文化的地方。他们的答案是“旅游，玩的就是文化”。正如国印派画家哈萨姆曾经说过的话，“那些旅行者们，有些仅仅走过了一百里路，而看到的，却比另一些走过千万里路的人还要多许多”。如果选择玩葡萄酒文化，长城华夏酒庄绝对是玩中国酒庄的首选。

这里是中国第一瓶干红的诞生地。这里还是花园式现代文化酒庄。背倚“东临碣石，以观沧海”的北方神岳碣石山，眺渤海而望。红瓦白墙的欧式建筑，与世纪长城共同构成美丽画卷。从空中俯视，犹如一条长龙盘绕群山之中，连龙须都栩栩如生。**不仅如此，这里有亚洲第一大山体地下花岗岩酒窖。**它依山而建，酒窖近2万平方米，放着20,000余只进口优质橡木桶，让稀世珍酿在地下美酒天堂从容地走向辉煌。酒窖中的奥运冠军酒窖，成为无数美酒旅游者神驰向往的圣地。**这里还有中国葡萄酒的历史长廊，**是大众了解中国葡萄酒难得的好机会。

长城华夏酒庄一年四季都有不同韵味的风光。总占地面积10,000亩，700余亩葡萄园蔚为壮观。1.6亿年碣石山脉三层土壤，饱经海风的润泽，造就了绚丽的火山风土，积累了果实内酚类化合物及香气物质。酒庄葡萄优异出众的天然禀赋，造就了一款款传世佳酿。

酒庄地址：河北省秦皇岛市昌黎县昌黎镇汀泗涧昌抚公路西

景区荣誉：国家4A级旅游景区，首批全国工业旅游示范点

酒庄门票：30元/人为品鉴一款葡萄酒+全程导游讲解；50元/人为品鉴四款葡萄酒+全程导游讲解

预约电话：0335-7169888

www.greatwallwine.com.cn

交通温馨提示

线路1：开车自驾行。走京哈高速G1(原京沈高速)47号出口（青龙、抚宁、昌黎出口）下，前行约25千米到酒庄。

线路2：开车自驾行。开车走沿海高速S012。沿海高速昌黎东出口，走约6千米即是。

线路3：飞机飞抵北戴河机场，下飞机打车抵达酒庄约21千米，约40分钟。

线路4：坐火车到昌黎站，下车坐昌黎到两山乡的公交车，在华夏候车亭站点下车即可。

百度地图导航长城华夏酒庄

欣赏广袤葡萄园，春夏秋冬皆美景如画。华夏酒庄的葡萄园一眼望去，一排排的葡萄藤十分整齐，近乎毫厘不差。这里有国际葡萄名种示范园，还有特定小产区葡萄园。代表性产区华夏葡园A区在昌黎县凤凰山向阳南坡，距酒庄约5千米处。从酒庄出发沿205国道西行25分钟即可到达。

在酒庄这么玩

碣石山，唐宋八大家韩愈的祖籍地。自春秋伊始，这片土地农耕细作，生生不息。迈入现代，一座酒庄的建立，又平添了传奇色彩，开辟了中国第一瓶干红葡萄酒的历史新纪元。

亚洲大酒窖门口立着块花岗岩石头，上刻：“中国第一瓶，中粮第一桶。”

这里是花园式现代化工厂。在生产旅游区参观酿酒车间，种植旅游体验区可以进行葡萄采摘自酿，个性化定制旅游区还可做个性化酒标设计，甚至整桶酒定制。定制自己的酒，快乐不可言喻。

冬季的酒庄，另一番韵味。身在酒庄葡萄园，一望无边白雪皑皑，顿感心胸开阔。走一走华夏酒庄，这里值得安排充裕的时间，放慢脚步……

GREATWALL

长城华夏酒庄

葡萄酒文化之旅，
探秘亚洲第一大酒窖，
见证中国干红诞生地。

扫一扫二维码看珍贵视频、中国葡萄酒的故事。

左一图：没来过，真的很难想象何为“大”？走进酒窖中的精品圆形酒窖，瞬间就可以让您有超越时空之感。它空间巨大，橡木桶众多，酒香与橡木香扑鼻而来，伴随着美妙的“微醺”感。漫步酒窖中，一个非常非常大的葡萄酒世界让人叹为观止。

右一图：酒窖以山为体，凿山而建，山窖合一，四季生凉。酒窖中，品酒、喝茶、畅聊，别有一番雅致惬意。

右二图：您与奥运冠军间也许只有一瓶葡萄酒的距离！拥有2008年奥运会“大国美酒使者”美誉的长城华夏酒庄修建了奥运史上首个冠军酒窖。在这里每个橡木桶上方的拱顶都悬挂着一张最有纪念意义的照片，让更多的中国人感受奥运冠军的喜悦与荣耀、感受奥运精神的魅力。

右三图：走出酒窖，我们依次会经过葡萄酒文化展览室、华夏酒庄展览室、“回家”室。“回家”室俨然一座小型博物馆，里面陈列的是当初1988年建厂时的办公室用具，老式柜台桌、椅子等。寓意不言而明，需要华夏人时刻谨记最初的理想。穿过此室，便见到了一棵300年树龄的老葡萄树，粗壮的树身兼具藤蔓特有的嶙峋与盘旋之势，宛若虬龙。

右四图：7~10月是旅游旺季，风景最好，葡萄也熟了，正是葡萄采摘季节，热闹非凡。

长城华夏酒庄美酒配美食，微醺酣畅

作为中国第一瓶干红葡萄酒的诞生地，长城华夏酒庄可谓酿酒传奇宝地。始建于1986年的华夏葡园具有亿年火山坡地形成的独一无二的三层土壤结构，是中国唯一一个世界级AA级绿色有机葡萄种植园。华夏葡园的葡萄树平均树龄在15年以上，属于黄金酿酒期。值得一提的是，华夏葡园依据法国波尔多顶级酒庄特定小产区的划分标准，按照光照、通风、方位和水分等四个核心因素划分成不同产区，它们是具有独特微生态环境的优质葡萄产区。作为中国小产区概念的倡导者，长城华夏酒庄可称得上追求“微风土”口味爱好者的乐园。因此，长城华夏酒庄的葡萄酒获奖无数，实至名归。其中，长城华夏酒庄2009赤霞珠干红葡萄酒获第八届亚洲葡萄酒质量大赛中获得金奖；2008年份获得银奖。同时，2008年份还获得2016“一带一路”国际葡萄酒大赛银奖。

酒庄里不容错过的酒

长城华夏酒庄2007赤霞珠干红葡萄酒

葡萄品种：赤霞珠（25年以上树龄）

酒精度：13.6%vol

酒呈深宝石红色，深色浆果和香料的味道中，飘逸出令人着迷的烘烤香和奶油香，香气协调，优雅怡悦，入口圆润，酒体醇厚，单宁细腻如丝，结构感强，酒体平衡，余味悠长。它是经法国百年树龄橡木桶陈酿18个月，瓶储9个月以上。

长城华夏酒庄2008赤霞珠干红葡萄酒

葡萄品种：赤霞珠（20年以上树龄）

酒精度：13.5%vol

酒呈深宝石红色，带黑醋栗、奶油和巧克力香，香气浓郁、优雅。入口圆润，酒体醇厚，单宁细腻，结构感强，余味悠长。它是经法国百年树龄橡木桶陈酿18个月，瓶储6个月以上。

意犹未尽还想带走的酒

长城华夏酒庄2009赤霞珠干红葡萄酒

葡萄品种：赤霞珠（15年以上树龄）

酒精度：13.5%vol

酒呈深宝石红色，具有令人着迷的奶油香和巧克力香，入口圆润且层次感强，单宁细腻、口感醇厚，余味悠长。它是经法国百年树龄橡木桶陈酿12个月，瓶储6个月以上。

长城华夏酒庄2010赤霞珠干红葡萄酒

葡萄品种：赤霞珠

酒精度：13.5%vol

酒呈深宝石红色，有黑醋栗香和烘烤香，入口圆润细腻，酒体醇厚，回味悠长。它用柔性工艺酿造，经法国橡木桶陈酿9个月，瓶储6个月以上。

长城华夏酒庄2011赤霞珠·梅鹿辄·品丽珠干红葡萄酒

葡萄品种：赤霞珠、梅鹿辄、品丽珠

酒精度：13%vol

酒呈宝石红色，具有浓郁红色浆果香和烘烤香，口感平衡柔顺，余味足。它采用柔性工艺酿造，并经法国橡木桶陈酿6个月，瓶储3个月以上。

庄园私房菜

酒庄精选套餐、酒庄定制套餐及当地特色菜一应俱全。有法式杏鲍菇、蓝莓山药、香煎牛肋骨、清蒸海蟹等新菜，特别推荐当地特色的三鲜水饺。

酒庄周边特色景点，计划不一样的线路游

★碣石山　　距酒庄：约 6 千米

曹操的一句“东临碣石，以观沧海”使得此山名声远播。秦始皇、汉武帝、魏武帝、唐太宗等七位帝王都曾登山观海，刻石记功，现山上还保存古建筑。

★葡萄小镇　　距酒庄：约 15 千米

葡萄小镇规划面积 39 平方千米。这里深入挖掘昌黎地区深厚的葡萄种植、酿造、诗词和民俗文化，开创了葡萄架下生活方式。

★国际滑沙活动中心　距酒庄：约 20 千米

国家级海洋自然风景保护区。这里首创了滑沙运动，拥有世界罕见的大沙丘。滑沙类似于滑雪，坐在滑板上，从沙山顶飞驰而下，一种运动的快感油然而生，非常安全。

★翡翠岛　　距酒庄：约 28 千米

国家 AAA 级景区，素有“京东大沙漠”之称。岛上可露营，可越野车攀爬沙山。

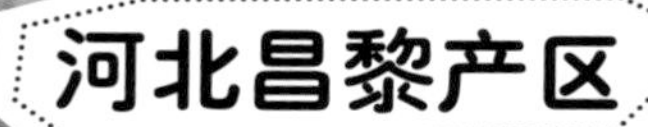

茅台凤凰酒庄 微醺葡萄酒中的国酒

Chateau Moutai Wine

茅台酒名气之大，在中国可说是家喻户晓。从2002年开始，茅台集团在葡萄酒领域开拓耕耘，在碣石山下黄金海岸创建茅台葡萄酒厂，并塑造了一位美丽的茅台“公主”，那就是茅台葡萄酒。酒厂经过岁月的沉淀，品牌的锻造，坚持“变的是颜色，不变的是品质”的生产理念。此后，茅台集团再次发力，创建茅台凤凰酒庄，它将全力打造北纬39°的中国骄傲。酒庄位于被国家命名为“中国酿酒葡萄之乡”的河北省昌黎县，毗邻秀美的葡萄小镇。如今，城堡初具规模，恢弘气势令人震撼。

“茅台干红红天下，国酒风采彩五洲。”采一方碣石山的土，养育茅台葡萄酒厚重的灵魂；捧一掬黄金海岸的水，洗出茅台葡萄酒姣好的面容。茅台葡萄酒，是一款有性格的葡萄酒，品一品，不禁“杯中有喜悦，心中有世界”！茅台葡萄酒公司2002年7月成立，酒庄城堡于2010年开始建设至今，投资3.2亿元，外观雄伟宏达，内部酿酒和旅游功能齐全。目前仍在建设中。期待酒庄早日对外开放。

如今，茅台葡萄酒生产厂早已大规模投产，厂区一般不对外开放，但如果有机会跟随酿酒师走一走，绝对收获颇丰，更重要的是可以亲身见证茅台厚重的文化积淀。走进茅台酒厂内的茅台文化体验馆，感受到的是秉承茅台品牌，坚定不移的质量理念——“国酒风采，红色茅台”“变的是颜色，不变的是品质”。体验馆里还展示了很多茅台葡萄酒的获奖证书；很多政府领导、各界知名人士关心秦皇岛产区发展，进行视察的照片；还有很多书画名家在酒厂驻足，挥毫泼墨留下的墨宝。

在酒厂宽阔的酒窖品酒区，品尝茅台葡萄酒，还可把自己准备收藏的葡萄酒存在酒窖专设的单间里。茅台葡萄酒正在步入高端葡萄酒行列，走向国际化。雄鹰拔毛断喙，凤凰涅槃重生，2016年经历了一年的改革重塑，2017年九款新产品值得大家品尝。

?i P

地址：河北省秦皇岛市昌黎东部工业园区（厂区）；庄园选址位于河北省昌黎县葡萄小镇景区

酒庄荣誉：河北省名牌产品、2013科技成果奖、中国轻工精品展金奖等

预约电话：0335-2186919

www.mtwine.com

交通温馨提示

线路1：开车自驾行去茅台厂区。走京哈高速G1(原京沈高速)抚宁出口较近，到达酒庄约24千米，约30分钟。还可沿海高速昌黎南出口，到达酒庄约26千米，约35分钟。

线路2：飞机飞抵北戴河机场。再打车抵达酒庄约23千米，约35分钟。

线路3：坐火车到昌黎站，下车坐昌黎到卢龙的班车，在耿庄北下车即可。打车到达酒庄约15千米，约20分钟。

百度地图导航茅台酒庄厂区

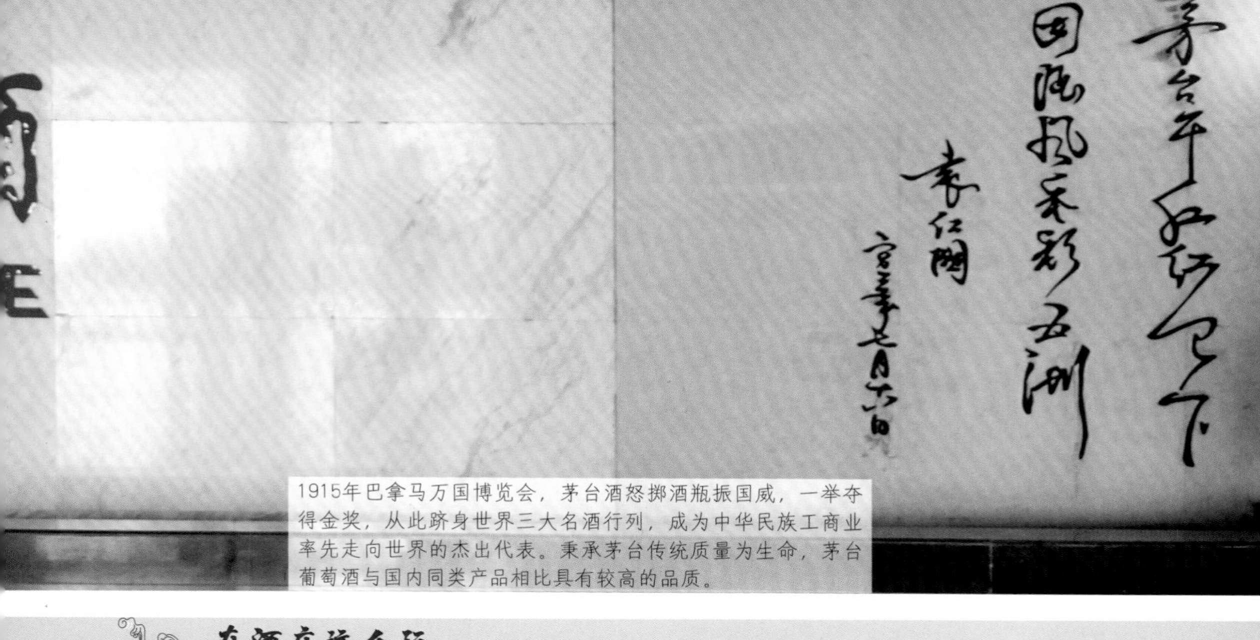

1915年巴拿马万国博览会，茅台酒怒掷酒瓶振国威，一举夺得金奖，从此跻身世界三大名酒行列，成为中华民族工商业率先走向世界的杰出代表。秉承茅台传统质量为生命，茅台葡萄酒与国内同类产品相比具有较高的品质。

在酒庄这么玩

参观茅台酒厂的文化体验馆，重温茅台葡萄酒15年的发展历程。茅台葡萄酒用实力和创造力，创造全新的生命力。

在茅台酒厂的体验馆内的奖励墙上悬挂着各类大奖项，勿须多言，实力的象征。

在厂区酒窖藏酒区的每个单间能放几千瓶酒，从地面一直整齐码放到房顶。

厂区酒窖的品酒区十分宽敞，空气中阵阵酒香令人陶醉，长条桌上摆放了几个年份的茅台干白、干红葡萄酒。

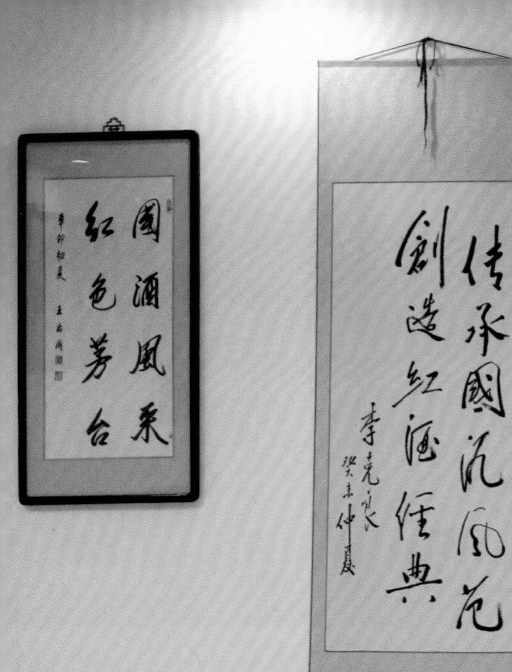
国酒風采
紅色茅台
传承國酒風范
創造紅酒經典

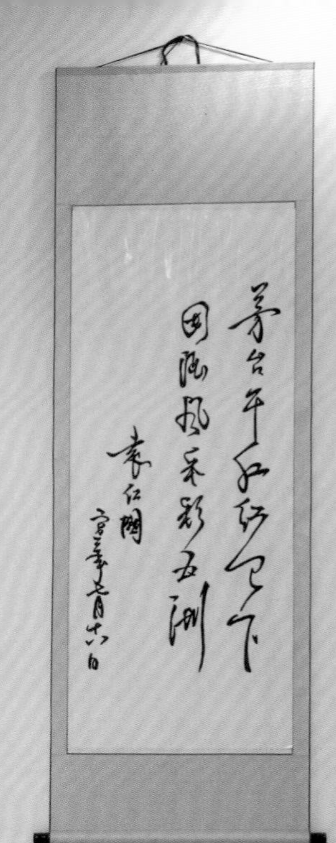

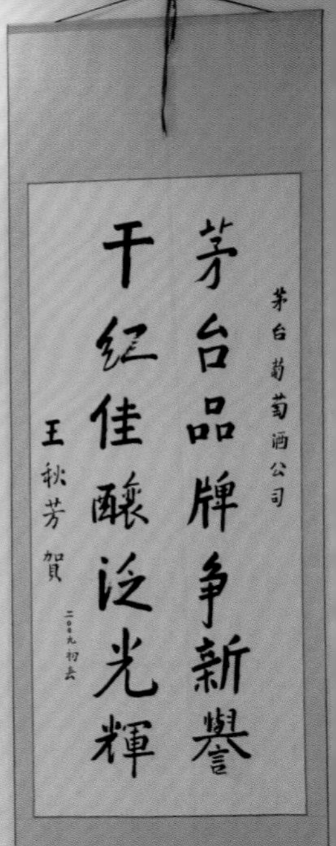
茅台品牌争新誉
干红佳酿泛光辉
茅台葡萄酒公司
王秋芳贺

茅台凤凰酒庄

中西合璧的中国白酒老字号，
体验葡萄酒的视听盛宴。

扫一扫二维码，酒庄微信公众号看更多精彩。

左一图：书法家们多次来昌黎茅台酒厂参观并留下墨宝。书法作品酣畅浑厚，入木三分。行文传承茅台精神，弘扬葡萄酒文化，更具深远意义。

左二图：“酿造中国自己的葡萄酒，酿造高品位生活”，这是茅台葡萄酒的追求。茅台凤凰酒庄城堡内开阔的拱形欧式酒窖及品酒区，让人从视觉上就已被震撼！

右一图：“七分原料，三分酿造”，无论酿造技术多么先进，葡萄原料对葡萄酒品质与风格的影响都是决定性的。葡萄园的葡萄种类很多，全部是世界优质的酿酒葡萄品种。为了真正实现“茅台干红红天下，国酒风采彩五洲”的宏伟目标。茅台葡萄酒的酿造过程同样一丝不苟，精益求精。

右二图：2008年7月确立茅台葡萄酒庄园规划项目，2011年9月，茅台葡萄酒庄园建设奠基仪式在凤凰山下举行。如今城堡已初具规模，工程浩大，期待竣工。

右三图：这是庄园城堡内的酿酒区，这种小型的发酵罐在酒庄一般很少见，用于实验性的酿酒，研究各种酿酒葡萄的酿酒特性。

右四图：在庄园城堡内，休闲娱乐设施可谓一应俱全。影院的观影效果同样震撼！

茅台凤凰酒庄美酒配美食，微醺酣畅

酒，是一种古老的文化，中国的上下五千年就是一个酒的文化，一个酒的历史。茅台酒文化的恰是体现在了“忠孝节义”四个字上。为国争光，诚于国事，谓之忠；儿遂母愿，殷勤于家，谓之孝；不羡繁华，不易其地，谓之节；护身健体，不伤饮者，谓之义。忠孝节义四全，是谓国酒文化。而茅台葡萄酒作为茅台品牌的延伸和发展，坚持发扬“爱我茅台为国争光”的企业精神和“酿造高品位生活”的经营理念。正如茅台高层领导傅总在2017年九款茅台葡萄酒震撼新产品发布会上说：“茅台葡萄酒是一个大品牌，一个好品牌，但还不是一个强品牌。一个可以称得上“强”的品牌，不是销售额多高，不是产能多大，而是我们能给消费者提供更好的产品，给客户带来更高的收益，给员工创造更好的生活。为此，我们不断努力，让更多的人了解茅台葡萄酒，我们不断追求，发掘茅台葡萄酒的文化，让它成为一款有性格的葡萄酒，这是茅台葡萄酒人应该承担的责任和义务。”

发布会之前，法国国家品鉴酒专家协会主席奥利维耶·布什先生受邀来到茅台凤凰酒庄，在现场对五款葡萄酒进行了品鉴、点评。他毫无保留地称赞道：“酒标的设计，视觉的冲击；浓郁的颜色，细腻的口感；文化的融合，国际的水平。”

酒庄里不容错过的酒

茅台国粹珍藏级干红葡萄酒（美乐）

葡萄品种：美乐

酒精度：13%

酒呈明亮的宝石红色，略带紫色调。闻之散发着黑莓、李子、黑樱桃等黑色浆果的香气。口感新鲜而柔和，单宁细腻，口感丰腴，回味绵长。

茅台国粹珍藏级干红葡萄酒（赤霞珠）

葡萄品种：赤霞珠

酒精度：13%

酒呈明亮的宝石红色。闻之散发宜人的覆盆子、李子、橡木、烤肉的香气，成熟的果香与陈酿香层次分明。口感圆润柔和，单宁顺滑，酒体饱满，回味悠长。

茅台老树藤干红葡萄酒

葡萄品种：赤霞珠、西拉、美乐

酒精度：13%

酒呈深宝石红色。闻之有浓郁的深色浆果的香气。酒体强劲而饱满，单宁细腻顺滑，结构复杂协调，回味醇厚悠长。

茅台圣鹿寻芳干红葡萄酒

葡萄品种：佳美娜

酒精度：13%

深宝石红色。闻之香气馥郁协调，具有黑莓、蓝莓、黑加仑的果香与巧克力、咖啡的香气完美结合的特点。入口圆润柔和，酒体饱满紧致，回味悠长。

茅台彩凤欢啼干红葡萄酒

葡萄品种：赤霞珠

酒精度：13%

酒呈深宝石红色。闻之果香怡悦舒适，酒香浓郁优雅。入口圆润柔顺，酒体饱满柔和，回味悠长。

意犹未尽还想带走的酒

茅台干甜伴侣红葡萄酒

茅台干红葡萄酒——露黛尼

(750ml、350ml)

茅台厂区周边特色景点，计划不一样的线路游

★葡萄小镇　　距厂区：约 19 千米

昌黎葡萄小镇风景区即茅台凤凰酒庄所在地，酒庄对外开放尚待时日。小镇村子不大，进入正门后会看到岔口，走左边可去西山场村，有很多农家院，适合接待团客。

★五峰山、李大钊革命活动旧址、韩文公祠　　距厂区：约 14 千米

五峰山在仙台顶东西两侧，各有五座山峰，被称为东五峰山和西五峰山。东五峰山矗立奇特，北名平斗，东名望海，西名挂月，东北名锦绣，西北名飞来。这是革命先驱李大钊李大钊主要纪念地之一，先后被确定为昌黎县、秦皇岛市、河北省三级爱国主义教育基地以及文物保护单位。在五峰山平斗峰前半山腰还有韩文公祠，是中国现存最早纪念唐代文学家韩愈的祠庙。

★渔岛　　距厂区：约 23 千米

渔岛的千米岩层的望海温泉值得推荐，泉水富含偏硅酸及氟、锂、锌、硒、锰等微量元素，在这里您可以体验泡着温泉看大海的惬意、畅快！

★昌黎福来岛木屋海景别墅度假村　　距厂区：约 26 千米

度假村直接建在沙滩上，出门就是松软的金沙，走 50 米就到您的私属海滩游玩，坐到床上就能看到大海和日出。

河北昌黎产区

茅台葡萄酒洞

国酒风范，洞藏能观世外天

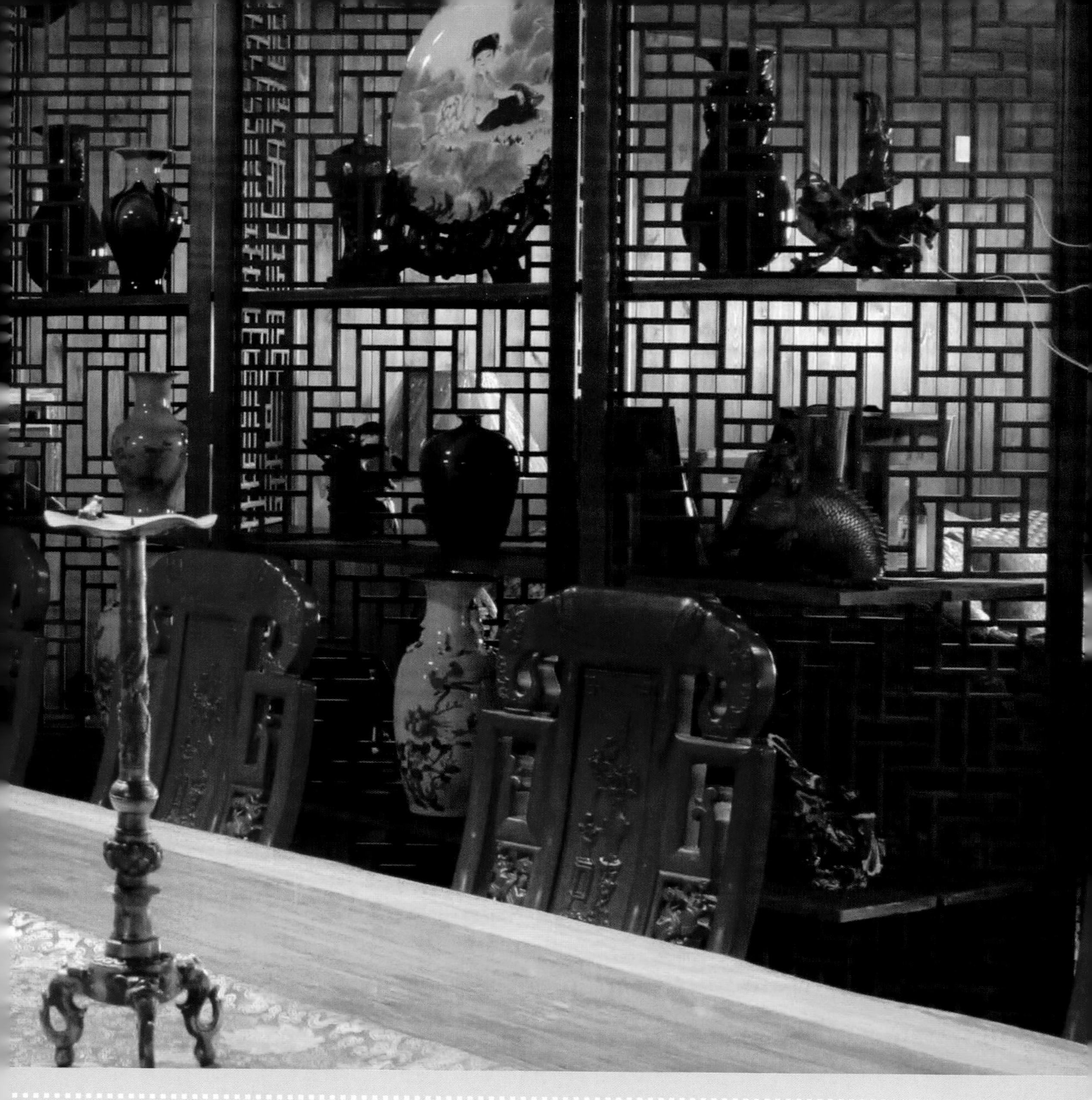

Moutai Wine hole

一杯尽览酒中趣，洞藏能观世外天！2013年，由茅台集团经过7年实践和潜心积累开创的葡萄酒洞藏存储模式正式对外发布，由此我们方能对这个沉寂了8年的茅台葡萄酒洞一探究竟。它被誉为“中国葡萄酒第一洞”，酒洞内如同一条深邃的迷宫，时而豁然开朗，空间突然变大；时而曲径通幽，国内第一个葡萄酒洞藏文化馆也坐落于此。在这里，您可以执樽品酒，茗茶弈棋，商谈赏曲，动静皆宜。酒洞何止是“庶乏齐名”的洞天之地，更让人体会到怡然自得，顿生尊贵之感。

大热点关键词

2014年8月2日，在第十五届秦皇岛国际葡萄酒节上，中国食品工业协会葡萄酒、果酒专家委员会秘书长杨强向茅台集团昌黎葡萄酒业有限公司董事长钟怀利授以“中国葡萄酒第一洞”荣誉称谓。天然恒温、山石质地的茅台葡萄酒洞，以最天然的方式赋予了葡萄酒特有的香气和口感。洞内别有洞天，有最原始的葡萄酒酿制车间，有最舒适的休闲场所，还有茅台洞藏葡萄酒以及中外名酒集中储藏与展示的最佳博览馆。这里饱含奇思妙想的智慧，尽显国酒风范。

这里是国内第一个提出葡萄酒洞藏的储藏方式，并形成了一整套完整的葡萄酒洞藏管理模式。葡萄酒洞藏及洞藏文化创始人戚永昌先生经过10年洞藏技术的研究，让葡萄酒在自然、静态环境中自然升华，开创了中国洞藏葡萄酒的先河。

这里是国内第一个高密度全花岗岩的存酒石洞。整个酒洞岩层厚度最薄6.7米，最厚21.9米，最大储酒容量30万瓶。

这里是国内第一个空气完全自然流动、温度、湿度自然调节的酒洞，全年温度在12~16℃，湿度70%~85%。

这里还是国内第一个葡萄酒洞藏文化馆。形成了葡萄酒储藏文化的又一分支——洞藏文化。茅台葡萄酒洞组织起草并撰写了国内第一篇《葡萄酒赋》，创作了《种酒的农民》《茅台葡萄酒洞记》《睡美人的故事》等作品。酒洞不仅可供参观，还有微缩酿造工艺模型用于了解酿造过程。游客可以通过自采体验手工酿造，做一瓶属于自己的葡萄酒。

酒庄地址：河北省昌黎县碣阳大街东山公园内

景区荣誉：“中国葡萄酒第一洞”荣誉称谓

酒庄门票：30元/人（参观，全程讲解；品鉴洞藏葡萄酒一款）；50元/人（参观，全程讲解；品鉴洞藏葡萄酒两款）

预约电话：0335-2662999

www.MTcave.com

交通温馨提示

线路1：开车自驾行。走京哈高速G1（原京沈高速）抚宁出口，依导航，距茅台酒洞约23.5千米，开车约30分钟。

线路2：飞机飞抵北戴河机场，下飞机打车抵达酒庄约13千米，约30分钟。

线路3：坐火车到昌黎站，或者坐汽车到达昌黎汽车站，距酒洞只有约2千米。

百度地图导航茅台葡萄酒洞

站在酒洞外，完全想象不出里面是什么样子。走进洞内，地上为古朴的中式风格。地下通体花岗岩的地下酒窖，第一感觉凉爽怡人。洞内格局，真可谓别有洞天。洞穴空间巨大，第一次去道路肯定不熟，如迷宫一般，容易迷失，必须得导游领路，边参观边讲解。

在酒庄这么玩

酒洞洞口如同一座木制小屋，原木色，尖屋顶，旁边一块巨大的岩石上“中国红酒第一洞”几个大字十分醒目。

会员区是茅台葡萄酒洞会员私属储酒领地。“重案六组”季洁的扮演者王茜慕名而来，在酒洞挂牌藏酒。

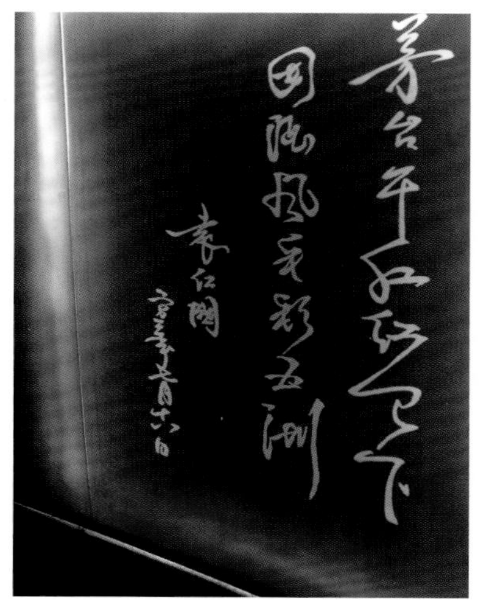

参观酒洞让人有一种探秘的感觉。很多名人探秘而来，书法家们留下墨宝。

酒在天然洞藏环境中陈酿，香气美感变化非一般人工酒窖所比拟。走进藏酒区感受“一寸回廊一相思，几年沉睡几年心”！

品味居

茅台葡萄酒洞

一杯尽览酒中趣，
洞藏钟观世外天！

扫一扫二维码看酒庄视频，这是一位老酒农和他的茅台葡萄酒的故事。

左一图：在瓶储区，依傍着裸露的山石洞壁错落有致地摆着近十万瓶葡萄酒，陈列颇有艺术感。深吸气，犹如身处世外桃园，神清气爽！这里经过专业的检测，酒洞负氧离子含量达到每立方厘米1350个，山洞透水岩层的滴水中含有130多种有益健康的元素。难怪经过洞藏的葡萄酒香气会更浓郁丰富，口感更细腻稠密。

左二图：酒洞内无Wi-Fi，一切通讯设备无信号，俨然身处世外，于是放空大脑，放松心境。走累了，就到品味居休息一下。这里中式古朴，古香古色，尽显浓郁、高雅的传统味道。品酒品茶，聊天论道让人意犹未尽。

右一图：这是茅台葡萄酒洞会员私属储酒领地。每一个拱形储酒龛内可以放百余瓶葡萄酒。

右二图：这是一个种酒的农民的真实故事。故事的主人公就是酒洞的主人——戚永昌先生。

右三图：参观沙盘区，才知道贵州茅台葡萄酒公司不仅有茅台酒厂、茅台凤凰酒庄，还有茅台葡萄酒洞。

右四图：这里有国内第一个葡萄酒洞藏文化馆。《葡萄酒赋》由茅台葡萄酒洞组织起草并撰写。它是迄今为止，国内第一篇完整描写葡萄及葡萄酒的赋。

茅台洞藏美酒配美食，微醺酣畅

恒温、花岗岩质地的山洞，使得酒洞相对湿度常年保持在70%~85%，温度在冬季最低12℃，夏季最高16℃，使得酒洞成为我国唯一一个自然恒温的大型葡萄酒洞藏基地，而每年一个12~16℃的温度变化周期，更是让葡萄酒在陈酿过程中保持和增加了其细腻的特质。因此，茅台洞藏葡萄酒被誉为“活力型陈酿第一支”。

酒庄里不容错过的酒

茅台洞藏08-Ⅴ干红葡萄酒

葡萄品种：西拉85% ，赤霞珠15%

酒精度：14%vol

2012年获第五届亚洲葡萄酒质量大赛银奖；2017年10月再获FIWA法国国际葡萄酒大奖赛银奖。这款酒为2008年份，经10个月中性桶，15个月使用老桶储藏。酒液澄清透明，晶莹有光泽，鲜石榴红色，果香馥郁，酒香雅致，酒体纯净丰满，骨架明显，单宁细腻柔顺，口感圆润有厚度，协调优雅，回味悠长。2018年它将达到最佳饮用期。

茅台洞藏08-Ⅲ干红葡萄酒

葡萄品种：赤霞珠80%，黑比诺20%

酒精度：14%vol

2010年获“克隆宾杯”第四届烟台国际葡萄酒大赛银奖。这款酒为2008年份，经10个月中性桶，10个月使用老桶贮藏。酒晶莹透明，澄清有光泽，深宝石红，果香淡雅，酒香桶香浓郁，酒体饱满醇厚，较圆润，结构明显，质感强，口香余味风格突出。随着年份的增加，酒体更加顺滑，经陈年洞藏后略带皮草味。2017年它达到最佳饮用期。

意犹未尽还想带走的酒

茅台洞藏11葡萄酒

葡萄品种：赤霞珠50%、西拉50%

酒精度：13.5%vol

2011年对于中国的葡萄种植者和酿酒师而言，是一个较好的年份，葡萄品种有产区特质。不仅如此，它经过3个月一次桶，15个月使用老桶储藏。它的酒液呈明亮的宝石红色，浓郁的果香、橡木香，略带烟熏的味，入口醇厚、圆润，单宁可口，酒体均衡，留香持久，再经洞储，酒香会更浓郁、优雅，酒体圆润、回味悠长。开瓶后直接倒入杯中会闻到一股薄荷的香气，口感柔顺，杯中静置5~10分钟或挂杯3~5分钟后，会闻到优雅的果香和橡木香，放置30分钟后，香气会更加丰富浓郁。2016年它已进入最佳饮用期。

庄园私房菜

酒洞设有西式餐厅，装修古朴典雅，中西合璧。其中有特色铁板烧、私家菜，全菜系均以葡萄酒元素为主题，开启味觉之旅，享受国酒韵味。

这里可以举办大型宴会，也可以品尝家常菜肴。海参小米粥、蔬菜沙拉、香煎大明虾、蒜蓉生蚝、菲力牛排配以当地特色赵家馆饺子、海鲜包子等主食让人体验河北风味，感受家常味道。

酒庄周边特色景点，计划不一样的线路游

★碣石山水岩寺　　距酒庄：约 6 千米

它位于碣石山景区的宝峰台上，又名宝峰寺。这里是千年佛教圣地，净土道场。它北依碣石山主峰仙台顶，东有香山，西连纱帽山。水岩寺的周边景色可谓幽雅清秀。

★葡萄小镇　　距酒庄：约 13 千米

它是一条长约 5 千米，宽约 4 米的一条“葡萄长廊”，有百年葡萄秧 3 株，明清古宅 3 处。可采摘葡萄，吃农家饭，尽享乡间美景。

★金沙湾沙雕大世界　距酒庄：约 20 千米

沙雕海洋乐园景区国家 AAAA 景区，位于北戴河新区黄金海岸，地处国家级海洋类型自然生态保护区。具有举世罕见的滨海大漠奇观。景区内森林环绕，波涛阵阵，沙质细腻，海岸平滑，海水清澈。高大起伏的沙丘、浓密碧绿的树林、蔚蓝浩瀚的大海、宽阔平展的海滩奇妙、和谐地组合在一起，构成一幅十分壮美的自然生态景观。

河北昌黎产区

朗格斯酒庄
爱上施华洛世奇，爱上它

Bodega Langes

施华洛世奇，鼎鼎大名的水晶品牌。谁能想到它的掌门人朗格斯还对葡萄酒无比热衷，竟然来昌黎创建“中华第一绿色人文酒庄”——朗格斯酒庄。酒庄坐拥碣石山余脉，面朝大海，环抱三千亩葡园，沐浴东方阳光。他曾说，“水晶与葡萄酒完全是两码事”“而朗格斯与我，却是一份个人的欢愉，一份给予我妈妈的礼物”。为了这份初衷，为了让更多的中国人感受葡萄酒的美妙，这里的一切因爱而生：酿酒葡萄每天在音乐声中成长；酒庄采用全国首创的重力酿造法保存葡萄酒的原汁原味……

大热点关键词

朗格斯先生曾说朗格斯酒庄“传递着爱与信仰”。行走在朗格斯酒庄，感受这里无限的享受和沉醉，更体验了一种别具一格的葡萄酒文化带来的全新生活方式。

朗格斯酒庄的格言：好酒是种出来的。为提高葡萄的质量，酒庄专门让葡萄听音乐。数十个音箱高耸在葡萄园中，悠扬优雅的奥地利圆舞曲飘荡在千亩种植基地，伴随葡萄的生长。当您徜徉葡萄园中，耳畔音乐萦绕，心情很放松。可以去酿酒葡萄名种示范园转转，再去园艺观赏游览区走走。

在这里，游客可以自采自酿，体验葡萄酒酿造DIY活动。还可以在个性化定制旅游区做个性化酒标，甚至进行整桶酒的定制。

这里尊重风土，尊重自然。走进酿酒中心，葡萄酒爱好者们一定会很兴奋。朗格斯酒庄从酿造工艺到橡木桶陈酿，专业先进，每一个环节都体现着专业态度。**朗格斯酒庄是国内首家采用独特的自然重力酿酒工艺，也是亚洲唯一一家拥有专属橡木桶厂的葡萄酒庄园。**参观之后，不禁对朗格斯葡萄酒油生敬意。更何况，朗格斯珍藏版葡萄酒，用施华洛奇家族水晶镶嵌瓶身，香气浓郁，未入口已微醺。

这里的葡萄籽精华油SPA水疗值得推荐。在视觉景观上，让所有代表机械文明的设备降到最低，用葡萄籽精华油和草本纯香唤起嗅觉最原始的记忆，让您在宁静平和充满田园气息的气氛中享受SPA水疗的美妙过程。

酒庄地址：河北省秦皇岛市昌黎县昌黎镇两山乡段家店村北

景区荣誉：首批全国工业旅游示范点；葡萄酒酒庄旅游AAAAA级

酒庄门票：20元/人

预约电话：0335-2186198

www.bodega-langes.com

交通温馨提示

线路1：开车自驾行。走京哈高速G1抚宁出口下，左转直行24千米至昌黎县城205国道，左转直行9千米，路左边即是。或开车走沿海高速S012。留守营出口下，右转直行1千米至205国道，再右转直行3千米路右边即是。

线路2：飞机飞抵北戴河机场，再打车抵达酒庄约40千米，约35分钟。

线路3：坐火车到昌黎站，打车抵达酒庄约11千米，约20分钟。

百度地图导航朗格斯酒庄

朗格斯酒庄在燕山余脉的樵夫山脚下，背靠碣石山支脉，面临黄金海岸度假区。极目远眺，庄园宛如镶嵌在一望无际绿色葡萄海洋中的一颗璀璨明珠。城堡是典型的意大利园林建筑风格。这里的葡萄园在呈L形分布的西北两面环山的山坡上，三面环绕城堡，每一个角度看风景各不同。

在酒庄这么玩

走进酒庄，大门、路灯、建筑皆具典雅的欧式风格。迎面而来，红顶黄墙弥漫着浓郁意大利风格的一组建筑，是拥有四星级标准的集住宿、餐饮、养生、娱乐于一体的度假酒店。

每年10月1日葡萄成熟期间，举办采摘节活动，让游客进入酒庄游玩的同时更能亲身接触最原始，最贴近自然的酿酒体验。

从这个角度看，酒庄2000余亩的自营葡萄园集中连片，自平地一直蔓延到山坡，簇拥着城堡。摄影爱好者们自会选择最佳拍摄角度。用超广角镜头拍下这壮观美景。

冬季的朗格斯酒庄，也是十分惬意的。下雪的时候，酒庄内的雪松成为冬日里最美丽的一道风景。皎洁的雪片落在雪松绿色的枝叶上，如银色的金字塔一般，不禁让人感慨顽强的生命力。

130
131

朗格斯酒庄

跳跃的音符，
流动的水晶。

扫一扫二维码，酒庄视频看更多精彩。

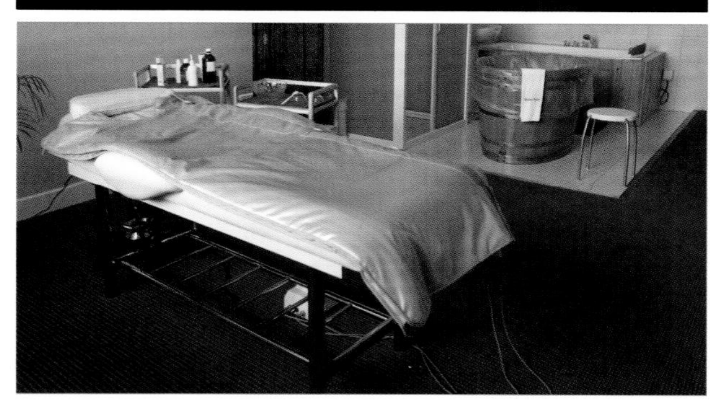

左一图：拾级而上，映入眼帘的是雄壮庄重依山而建的阶梯式酿酒中心。

左二图：进入酿酒中心，车间内有几部电梯专门运送储酒罐。这是重力酿造工艺很重要的一步。酿酒过程在阶梯式车间自上而下依靠自然重力流动完成。用电梯来倒酒是完全物理的方式，自然生态，减少了机械设备对原料与葡萄酒的剧烈处理，充分保证葡萄酒的天然潜在质量。

右一图：好葡萄不仅聆听音乐成长，而且采摘的时候还要被精挑细选，才能进入酿制流程。朗格斯珍藏版的葡萄酒都要使用经过粒选的优质葡萄。

右二图：走进欧式城堡。大厅里，格诺特·朗格斯·施华洛世奇先生家族的族徽分外醒目，它用1999粒水晶粒组成。当初，朗格斯老先生建造酒庄，只因他妈妈对他说的一句话："用这些钱为世界做出贡献。"

右三图：参观完葡萄酒酿造的全过程，再看这间展示厅更有触动。朗格斯俨然把葡萄酒当做艺术品在精心打造，如水晶般熠熠生辉。

右四图：在酒庄一定感受一下SPA水疗吧！水疗用的葡萄籽精华油中特有的原花青素（OPC）是目前自然界中发现的清除自由基能力最强的物质。其抗氧化能力比维他命E强50倍。做的时候绝对全身放松，分外享受。

中华第一桶

朗格斯橡木桶由奥地利著名企业家格诺特·朗格斯·施华洛奇先生投资2800万美元兴建的朗格斯酒庄(秦皇岛)有限公司橡木桶厂制造。该橡木桶厂是亚洲首家引进世界一流德国橡木桶生产线，采用的是产自中国长白山原始森林的高档橡木，经过长达三年的自然风干，在橡木原始木香之中又糅合了阳光、海风的清新之气，从而使朗格斯橡木桶拥有独特的品质。橡木桶厂目前年产量达3500只，结束了国内高档葡萄酒使用橡木桶全部依赖进口的历史。第一只国际标准225立升的朗格斯橡木桶，于2002年12月制作完成。堪称“中华第一桶”。

进入恒温岩洞酒窖

在通往酒窖的路上，这简直就是一座美丽的皇家后花园，鸟语花香，树木郁郁葱葱，小溪潺潺，幽静宜人。进入酒窖，在柔和的灯光下，只见成排的新橡木桶摆得整整齐齐，耳边又响起了轻盈的乐曲，旋律是那么优美，这是给陈化过程中的酒液播放的。朗格斯酒庄的酿酒理念就是——酒液是有生命的，能够感受音乐之美。受到音乐陶醉的酒才能更陶醉人！

橡木桶储酒历史悠久

橡木桶储酒至今已有近千年的历史。直到17世纪，人们逐渐完善了橡木桶陈酿技术。橡木桶储存是这个过程中非常重要的环节。橡木的多酚类物质和芬芳的香气等融入到葡萄酒中，使酒产生烟熏、烤面包等焙烤类香气，使原本生涩的酒液变得柔和细腻，并且缓慢的氧化过程使果香、酒香、橡木香完美融合，葡萄酒结构趋于平衡和谐、圆润协调。

橡木桶哪国好

法国橡木桶和美国橡木桶在世界各个国家都在普遍使用。法国橡木桶经自然风干及烘烤等工艺赋予了红葡萄酒更丰富的香气，如香草香、巧克力香等，也赋予了白葡萄酒更加圆滑香醇的特点。而美国橡木桶则让年轻的红葡萄酒香草及椰子香突出，老一些的葡萄酒则会散发出巧克力、焦糖、烟熏的香气。美国橡木桶也赋予了白葡萄酒更浓郁的香气，带来润滑的奶油口味。橡木桶其实不分伯仲，各有特色。

朗格斯，为葡萄酒安一个中国的家

葡萄酒也要进行胎教？喝过朗格斯酒的人肯定能体会到这胎教的魅力。在朗格斯酒庄，所有的葡萄酒都会放在自制的全新中国橡木桶中6~18个月进行桶贮陈酿。再经瓶装存储一段时间后，才能上市。

除了胎教，为了给葡萄酒再安一个舒适的“家”，酒庄不惜巨资，引进了德国先进的橡木桶生产线，沿用欧洲同行的制桶技术，建立了中国第一个橡木桶厂，也是亚洲唯一一家拥有专属橡木桶厂的葡萄酒庄园。

酒庄全部采用产自中国长白山原始森林的橡木制作橡木桶。板材经三年自然风干，按照欧洲传统工艺制作成桶。

从木料处理、木桶制作、烘烤、质量追溯，全套流水线都十分专业。烘烤是橡木桶制作最关键的环节。工人们就站在桶边上不畏高温，严格把握烘烤程度，桶中大量芳香物质在烘烤时形成，单宁等浸出物缓慢释放，酒的质量在此一举。

在这里，制桶工人也全部是中国人。最令他们佩服的就是酒庄庄主朗格斯。世界上的酒庄酒厂争相使用的是法国橡木桶和美国橡木桶。可是，他却偏偏使用中国长白山的橡木！橡木种类很多，每一种橡木赋予葡萄酒的风味都不同，显然，朗格斯想赋予酒庄的葡萄酒更多的中国风味。而最令他们骄傲的是2012年12月第一只国际标准225升的朗格斯橡木桶诞生，堪称“中华第一桶”。如今，这里年设计产量3500个，除部分自用外，其余橡木桶全部对外销售，从而结束了国内高档葡萄酒使用的橡木桶全部依赖进口的历史。

朗格斯酒庄美酒配美食，微醺酣畅

酒庄于2005年酿出了第一支有机红酒，限量2万瓶，每瓶附有一份身份证明。瓶身的这9个英文字母是用SWAROVSKI公司的人工钻石贴在瓶子上的，设计图案出自朗格斯之手，其珍藏价值自不待言。在2008年6月1日为汶川地震举办的赈灾拍卖会上，一瓶2005年份的珍藏版(Collector)干红卖出了5000元的高价。朗格斯的酒分3个档次，由低至高为Select（精选），Reserve(收藏)和Collector（珍藏）。每个级别均获奖无数，2011年5月朗格斯酒庄作为亚洲唯一一家获邀参展的酒庄，出席了瑞士Bad Ragaz国际葡萄酒节，酒庄2009年珍藏版干红被组委会授予特别荣誉奖。

酒庄里不容错过的酒

朗格斯酒庄珍藏版干红葡萄酒

葡萄品种：赤霞珠、西拉、品丽珠

酒精度：约13.5%vol（各年份不等）

仅在特别优秀年份出品的珍藏佳酿，目前仅有2003、2005、2006、2009、2011五个年份珍藏系列。这些酒款均颜色深邃，香气浓郁，口感集中，饱满醇厚，具有极强陈酿潜力。包装以施华洛世奇家族水晶镶嵌瓶身为主要特征。

意犹未尽还想带走的酒

朗格斯酒庄蓝标特制干红葡萄酒

葡萄品种：赤霞珠

酒精度：14%vol

酒晶莹明亮，果香、酒香与陈酿香气协调馥郁，口感顺滑舒适，味道持久。

庄园私房菜

特邀名厨烹饪庄园私房菜。昌黎特产黄蛤、螃蟹自然地道，经典菜扒猪脸、红酒牛肉、炭烧排骨、香辣串烧虾、香芋油鸭煲，昌黎小吃千子等都很地道。

酒庄周边特色景点，计划不一样的线路游

★碣石山　　距酒庄：约 11 千米

这里是旅游必选之地。如果能赶上碣石山古庙会，大型的戏剧、杂技、曲艺演出一般在饮马湖停车场。看看昌黎地秧歌、民歌、吹歌、皮影戏，将不虚此行。

★昌黎黄金海岸景区　距酒庄：约 15 千米

推荐玩露天海浴场，沙雕大世界、滑沙中心、翡翠岛、高尔夫球场、圣蓝海洋公园。

★北戴河景区　　距酒庄：约 25 千米

因著名海滨景区、世界著名观鸟圣地北戴河而得名。闻名中外的旅游度假胜地，拥有联峰山、鸽子窝、中海滩三大风景群组等40 余处景观。

★山海关景区　　距酒庄：约 68 千米

在 1990 年以前被认为是明长城东端起点，素有中国长城“天下第一关”之称。

河北昌黎产区

金士国际酒庄
申请吉尼斯纪录的智能酒庄

Chateau Kings

听着葡萄酒的传说，寻着酒庄的故事。当自然、科学和艺术像一个稳固的三角，平衡着生命的方向，您便找到了颐养生命的钥匙——生活的哲学便在于此。走进酒庄，有一种超时空葡萄酒旅行的感觉，这里的中外葡萄酒发展历史文化壁画约有5800平方米，申请了壁画面积的吉尼斯纪录。穿行其间，才能真正领悟海明威的名言："世界上最自然、最文明和最完美的东西莫过于葡萄酒，它不只是单一的感官享受，更是一种愉悦与鉴赏。"这里一步一景，一步一情，可度假、休闲、居家、养生……

大热点关键词

金士国际酒庄南距黄金海岸25千米，南、北距京哈高速、沿海高速路各17千米，交通便利。

这里拥有精品酿酒葡萄种植园，公认的精品酒庄。初秋，葡萄园里安详而宁静，大自然在期待着它丰硕的果实变成杯中美酒的时刻。葡萄经过精挑细选后被运送到酿酒罐中，在这里变成真正的葡萄酒。先进柔和的酿造工艺，橡木桶陈酿窖藏，金士酒庄将传统的葡萄酒酿造艺术和现代科学技术有机结合，使新旧世界酿酒理念完美交融。

这里有天然的绿色屏障，有先进的酿酒科技，**有约102个品种的鲜食葡萄沟，有敬献毛主席品尝的蜜梨树**，还有迷人的艺术文化，在这里似乎能看到一场自然、科学与艺术的博弈。这种力量的平衡使得葡萄酒和人变得高贵，生活的哲学也蕴藏于此。**巨大的壁画墙约5800平方米，壁画面积达到了申请吉尼斯纪录的水平。一个个中外葡萄酒发展历史文化壁画故事栩栩如生，简直是中外葡萄酒文化博览。**

这里是名副其实的智能酒庄。紧邻北戴河圣地避暑，不仅是酒庄旅游，还可以居家养生。酒庄倚靠自我完备的生态系统，建设总建筑面积约10万平方米的养生公寓群。建筑群犹如好莱坞电影里的建筑，梦幻超现实。从梦幻回到现实，天士力健康管理中心还可以做身体检查，时刻呵护自己和家人的健康。

酒庄地址：河北省秦皇岛市葡萄酒产业聚集区（昌黎）碣石酒乡1号

景区荣誉：昌黎金士葡萄酒庄AAA级

酒庄门票：120元/人

预约电话：0335-7825165

www.chateaukings.com

交通温馨提示

线路1：开车自驾行。主要路线有京哈高速、沿海高速、102国道、261省道。如京哈高速（原京沈高速）行至抚宁出口，距酒庄约17千米。

线路2：飞机飞抵北戴河机场，下飞机打车抵达酒庄约28千米，约40分钟。

线路3：韩国仁川-秦皇岛航线飞抵秦皇岛机场，打车抵达酒庄约56千米，约70分钟。

线路4：坐火车到达昌黎火车站或者坐汽车到达昌黎汽车站，打车距酒庄约12千米，约15分钟。

百度地图导航金士国际酒庄

《金士冬韵》，王高峰摄影，获一等奖。隆冬大雪，600亩葡萄园，一排排整齐的葡萄架，一眼望去，韵味十足。

在酒庄这么玩

在这舒适惬意的酒庄，身旁的薰衣草田沐浴在阳光与和风之中，人与自然融为了一体。值得一提的是百年梨树也在这里。1955年昌黎人民群众选送给毛主席的蜜梨就产自这里。

酒庄内的“醉美春”夜景绝对令人震撼。夜景周围还环绕镌刻着古今中外名人赞美葡萄和葡萄酒的25首诗文佳作。

儿童梦幻王国是营造儿童智慧成长的乐园，将葡萄种植、葡萄酒酿造和启蒙教育、智力开发、快乐成长有机结合，打造寓教于乐的儿童教育拓展平台。

优美的景观环境、独特的建筑风格带来舒适安心的居家环境，营造健康和谐的养生氛围。

Chateau Kings
金士国际酒庄
世界酒庄旅游大会
World Wine Tourism Conference
最佳酒庄旅行目的地
The Best Winery Destination
金士国际酒庄
世界酒庄旅游大会组委会
2017年10月

金士国际酒庄

碣石酒乡，精品酒庄，
金士美酒，天赐佳酿！

扫一扫二维码，酒庄微信公众号看更多精彩。

左一图：酒庄城堡的窗户如水滴的形状幻化无穷。窗外美景让人浮想联翩。正因为金士人的信仰，才能创造出如此令人愉悦的艺术美景。葡萄浆汁是高尚的甘露，它从不说谎。将自己的真诚和诗意投入每一株葡萄树、每一瓶葡萄酒，总能收获美好。可喜的是，金士国际酒庄被世界中餐业联合会葡萄与葡萄酒委员会聘为副主席单位；被世界酒庄旅游大会组委会评定为最佳酒庄旅行目的地。

右一图：酒窖干净明亮，橡木桶整齐排列，橡木桶中美酒佳酿静静陈酿。屋顶一排排的不规则的平行光线，勾勒出酒窖的梦幻感。

右二图：酒庄由天士力控股集团投资建设，秉承天士力人用制药的标准做食品的理念，将中药材种植管理规范（GAP）引入酿酒葡萄园的管理。首家采用万级净化的制药标准、医学等级精心酿制每一瓶葡萄美酒。引进国际领先的酒庄酒酿造设备，将传统的葡萄酒酿造艺术和现代科学技术有机融合，使新旧世界酿酒理念完美交融。游客可以现场体验，全面了解葡萄酒酿造的美妙过程。

右三图：设计独特，环境优雅，具有现代气息的金士酒吧，是您品酒、泡吧的好去处。

右四图：帝泊洱茶吧是专为云南帝泊洱生物茶精心打造的体验店，闲暇之余在这里喝一杯帝泊洱茶，茶润肠清，身轻体健。

金士国际酒庄美酒配美食，微醺酣畅

法国国家品鉴酒专家协会主席奥利维耶·布什先生对2015马瑟兰陈酿干红葡萄酒的评价：优雅的深红宝石色，富含新鲜水果香味,入口圆润饱满、口感愉悦，畅饮完美！这款酒在2016国际领袖产区葡萄酒质量大赛中获得最高奖项金质奖，并在2017中国·国际马瑟兰葡萄酒大赛获得评委会主席团特别金奖。

他对2015小芒森甜白葡萄酒的评价：颜色是清澈的淡黄色，有杏和芒果的异域风味；口感柔和、入口平衡；有高端葡萄酒酒度较低的显著特色。他对2015金士佳酿干红葡萄酒的评价：有波尔多的感觉，酒体很平衡，入口柔滑，酒香四溢，在口中回味悠长，让人有再喝第二杯的欲望。

酒庄里不容错过的酒

2015马瑟兰陈酿干红葡萄酒

葡萄品种：马瑟兰

酒精度：14.5%vol

采用优化工艺，经法国橡木桶陈酿，深邃的紫宝石红色，单宁紧致、入口圆润饱满。富含辛香料与薄荷、荔枝等典型香味，伴有雪茄、黑巧克力与香草的迷人香气，口感愉悦，畅饮完美。

意犹未尽还想带走的酒

2015小味儿多陈酿干红葡萄酒

葡萄品种：小味儿多

酒精度：14%vol

2014金士小味儿多干红葡萄酒被法国著名葡萄酒媒体《贝丹德梭》选送卢浮宫参展，并被收录到《2015世界名优葡萄酒年鉴》；2015金士小味儿多干红葡萄酒（陈酿）在2015五色海岸新酒节中获得优胜大奖，在2016国际领袖产区葡萄酒质量大赛中获评委会特别奖，在2017FIWA法国国际葡萄酒大赛中获得银质奖。经法国橡木桶陈酿，优雅的深宝石红色，具辛香料、胡椒、黑醋栗与黑莓等黑色浆果香气，酒体丰满、单宁强劲不失圆润，伴有松露与香草的迷人香气，口感丰满怡人。

航拍金士国际酒庄的风光，这里不愧是旅游度假圣地。零距离体验，才知这里还是健康养生乐园。就连中餐厅的菜谱也是为养生而精心设计。餐酒搭配，美味而健康。

酒庄周边特色景点，计划不一样的线路游

★渔岛海洋温泉　　距酒庄：约 19 千米

位于中国最美的八大海岸之一昌黎黄金海岸中部，居国家级海洋类型自然保护区中心位置，被评为中国休闲农业五星级园区。因盛产鱼、虾、参、贝等海产品故名渔岛。以“欣赏沙雕乘游船，滑沙滑草冲水浪，泡着温泉看大海，住着别墅吃海鲜”为主题，经典项目：跑马场，射击场，滑沙、滑草冲浪场，沙滩摩托，飞车走壁，水上飞人，海洋动物观赏，摩天轮，旋转木马等。

★沙雕大世界　　距酒庄：约 31 千米

如果仅安排一天的时间玩沙雕大世界，这里的娱乐项目很难玩全。这里的梦幻水乐园采水于 3000 米深的温泉水，健康养生；极限水世界，有盐度最大的死海漂浮，速度最快的森林漂流、最高的极限滑梯、最长 95 米长的管道水滑等项目，惊险刺激；而儿童水世界则是孩子们的乐园。值得一提的，园内沙雕展示区，37 米高的沙雕弥勒大佛和占地 3000 多平方米的沙雕迷宫堪称世界之最。

仁轩酒庄
泉酒清音开往“春天的方向”

Renxuan Winery

“故人具鸡黍，邀我至田家。绿树村边合，青山郭外斜。开轩面场圃，把酒话桑麻。待到重阳日，还来就菊花。”每次读到这首孟浩然的《过故人庄》，就不禁联想起仁轩酒庄的美，犹如一幅优美宁静的田园水墨画。那是一个阳光和煦的春日，仁轩酒庄山色如娥，花光如颊，温风如酒，高级休闲会所嵯峨如晕，散发着欧式风情。会所教堂的十字架在春阳的映照下空青冥冥、洁白夺目。在这里您可以放慢心灵的脚步，仔细感受春夏秋冬清晰的交替，看四季行走在阳光下，看酒庄行走在春天里。

大热点关键词

仁轩酒庄，一年四季的美不可言喻。这是一座面积达1000多亩的田园画境般的现代化特色酒庄，它在设计上与自然山水融为一体，利用丘陵地带起伏的特征，在巴洛克风情建筑群落之外，遍种幽木佳卉、奇花异草，姹紫嫣红里妩媚了酒庄的亭台水榭、红墙碧瓦。

坐在城堡露天吧台，感受酒庄的静雅与壮美，同时俯瞰起伏无垠的葡萄园和整个天马湖风景区，感同身受沈从文的一句话："我行过许多地方的桥，看过许多次数的云，喝过许多种类的酒，爱过一个正当最好年龄的人。"不同季节来酒庄皆有看点玩点。酒庄的风物形胜、人文景观，不仅让人乐不思蜀，还能抚平那些心头的疼痛。陶渊明在仕途的黯淡落寞里，"采菊东篱下，悠然见南山"。在仁轩，青山绿水可以让您感受一种雕缕人心的温热感。

酒庄多样的游乐设施则为人们献上一道道极致的娱乐盛宴，精彩纷呈。酒葡萄种植示范园、红酒浴养生馆、食用葡萄采摘园、葡萄酒博物馆、橡木桶酒窖都值得参观。还可以参加房车烧烤音乐Party、浪漫葡园葡萄酒品鉴会、仁轩障碍马术课程、仁轩贵族生活夏令营、仁轩沙滩游艇Party。如果赶上马术嘉年华、仁轩采摘季大型活动、大型文艺演出等，更让人流连忘返。

酒庄地址：河北省秦皇岛市抚宁县葡萄酒产业园区

景区荣誉：全国休闲农业与乡村旅游示范点、河北省休闲农业与乡村旅游示范点、河北省农业产业化重点龙头企业、中国马术协会会员和秦皇岛市5A级酒庄

酒庄门票：30元/人

预约电话：0335-6685999

www.renxuanwinery.cn

交通温馨提示

线路1：开车自驾行。自驾主要路线有京哈高速、沿海高速、102国道、261省道。如京哈高速（原京沈高速）行至抚宁出口，出收费站右转，行车1.5千米右转即是。

线路2：飞机飞抵北戴河机场，下飞机打车抵达酒庄约60千米，约60分钟。

线路3：坐火车到昌黎站，或者坐汽车到达昌黎汽车站，打车到达酒庄约，约40分钟。

百度地图导航仁轩酒庄

这是仁轩酒庄夜景鸟瞰图，看看照片就感觉有些醉了。若身临其境，眼前灯火辉煌，五彩斑斓，梦幻音乐城堡还有大风车，在美妙的酒庄夜景中熠熠生辉！

在酒庄这么玩

梦幻音乐城堡因为兀立山顶卓然至极，三层楼的独栋巴洛克欧风建筑自成一派。城堡内尽情享受红酒与音乐的水乳交融。

从抚宁出口进入酒庄，大风车就映入眼帘，风车顶端镶嵌的白色叶片，如盛开的兰花，仿佛置身风车之国荷兰。

夜晚的星空，朦胧璀璨，笼罩着寂静的丘陵。这是酒庄阳光客房，阳光走廊。

这是酒庄又一景观亮点——大水车。夜色中，水车转动的声音，哗哗的水声，空中回荡的鸟语声，简直是大自然的多重合奏，完美和谐。身在其中，是多么惬意。

仁轩酒庄

来仁轩酒庄，
坐拥千亩葡园，
尽享庄主生活！

扫一扫二维码，酒庄微信公众号看更多精彩。

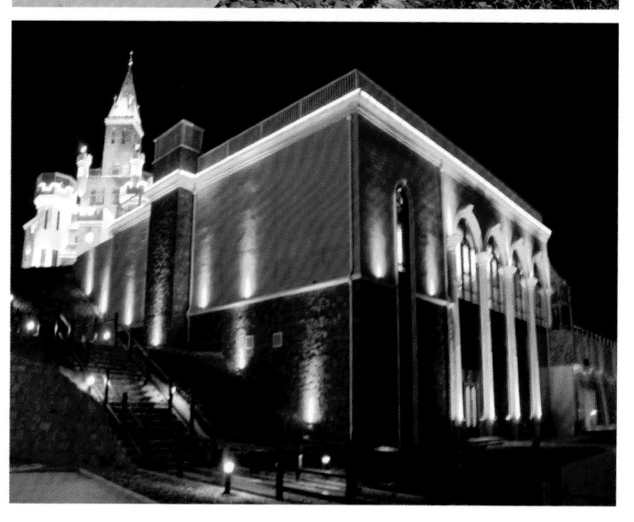

左一图：仁轩马术俱乐部相当专业，有室内骑马场和室外骑马场。还有训练有素的教练为个人或团体游客教授骑马课程。马血统纯正，匹匹俊朗。

左二图：高大威猛的骏马，您是身着英伦马术服的骑士，胯下骏马时而飞速跑过赛道，时而跃过1米多高的障碍。刚刚还温顺优雅的骏马，仿佛化作了离弦利箭，在马场上绘制出了一幅速度与力量完美结合的美景。

右一图：小朋友来了去哪儿玩？来仁轩酒庄，这个问题不用担心。儿童乐园缤纷如幻，巨大的风车是最好的标志，各种游乐设施让小朋友乐翻天。

右二图：酒庄在南戴河附近设有仁轩游艇俱乐部，在享受碧海蓝天、阳光沙滩的自然风光时，乘上一艘豪华游艇，在海上冲浪，站在甲板上任海风吹拂，开启一段青春激扬的旅程。到游艇内细品一杯仁轩美酒，或与朋友们举杯畅饮，乐之所至。

右三图：草坪和路径把酒庄的红酒坊、白兰地坊、地下酒窖、影院、健身中心、模拟高尔夫、阳光房、葡园餐厅，红酒浴、品酒室、茶室、酒庄别墅、音乐城堡、鹿场、房车俱乐部、马术俱乐部连接在一起。无论玩什么，都让人乐不思蜀。照片拍的是种植基地，欧式风格，登高远眺，美景尽收眼底。

右四图：城堡中设有多个主题厅，可根据自己的喜好和心情选择。红酒浴养生馆值得体验。身体泡在放了红酒的热水浴缸里，舒服得无法形容。此外，泡红酒浴还有美容养颜功效。

仁轩酒庄美酒配美食，微醺酣畅

酒庄里不容错过的酒

仁轩干红葡萄酒

葡萄品种：赤霞珠

酒精度：13%vol

酒呈深宝石红色，典雅亮泽。散发着浓郁的黑果浆之香，含着木香和烟熏味。口感甘醇，入口浓烈，回味绵长，酒体饱满，单宁细腻柔顺，略显成熟，也不失朝气，值得细细品味。

仁轩5L干红

葡萄品种：赤霞珠

酒精度数：12.5%vol

大桶装葡萄酒，略显豪放。然而深红是红色酒汁呈现出典雅亮丽的气质，散发着浓郁的果香和酒香。入口甘爽怡人，口味醇和，略带豪放之感，酒体饱满平衡，细腻柔顺，回味悠长。

意犹未尽还想带走的酒

仁轩凯博娜高级干白

葡萄品种：霞多丽

酒精度：12%vol

酒呈禾秆黄色，闻之果香浓郁，酒体清爽，轻柔适口。

仁轩凯博娜高级干红

葡萄品种：赤霞珠

酒精度：12%vol

酒呈红宝石色，香气馥郁，入口柔和细致的单宁，酒体平衡和谐。

仁轩熊猫干红

葡萄品种：赤霞珠

酒精度：13%vol

酒呈红宝石色，优雅芬芳的果香，入口柔和细致的单宁，酒体平衡和谐。

庄园私房菜

酒庄餐饮服务齐全周到，设有中西式菜品。中餐有烤全羊、自助烧烤、全鹿宴、海鲜宴、特色本地菜，西餐有正宗法餐，还有日式、法式铁板烧等。配上仁轩葡萄酒，在西式简约浪漫风格的餐厅内品美酒佳肴，堪称尊贵的享受，浪漫的风情。值得一提的是，酒庄举办露天婚礼，看大厨雕出精美的蔬菜雕刻，感受国酒家宴的滋味，妙不可言。

酒庄周边特色景点，计划不一样的线路游

★天马山、天马湖　距酒庄：约 1.5 千米

天马湖风景区，风光旖旎、有“人间瑶池”之称。水波潋滟、群山环抱，碧草如茵，令人心旷神怡。湖边垂钓或泛舟湖上都别有一番乐趣。天马山形如天马，故而得名。山地上林木葱郁，遍布人文历史古迹。护珠宝光塔的神秘传说和古老的银杏树，为这座山增添了几许神秘。这里既是古人类定居的摇篮，又是帝王边臣经略要冲，历来为文人墨客咏志抒怀的佳境。

★南戴河国际娱乐中心

距酒庄：约 31 千米

地处省级森林公园，总占地面积 380 公顷，其中海域面积 180 公顷，林木苍郁，海浪逐人，海水、沙滩、山丘、森林等自然资源中设有集休闲、娱乐、观光、健身于一体的娱乐项目。共分为金龙山、欢乐大世界、碧海金沙、槐花湖四大区域，海洋、沙滩、阳光、空气、绿地让这里充满自然风情，趣味十足，还很有刺激性。

怀涿盆地产区

长城桑干酒庄
全球酒庄版图里的中国坐标

Chateau Sun God Great Wall

中粮长城桑干酒庄始建于1979年，是中国最早的酒庄，因酿出中国第一瓶国际标准新工艺干白葡萄酒而开启了中国酒庄酒历史。酒庄坐落于美丽的桑干河流域，处于北纬40°4′东经115°16′，具备了种植最好的酿酒葡萄所需的一切自然条件：200万年泥河古化石土壤葡园，独特的微气候，30多年的黄金树龄，6000平方米终年恒温恒湿的地下大酒窖……得天独厚的条件注定这里为顶级葡萄酒而生，赋予了这片土地别样的灵魂。历经37载，长城桑干酒庄已成为全球酒庄版图里的中国坐标。

大热点关键词

放下都市的喧嚣，走进中国葡萄酒历史的殿堂——长城桑干酒庄，在美丽的桑干河流域来一场绮丽的“探索之旅”，再寻找之中不同的葡萄酒韵味。**长城桑干酒庄毗邻紫禁城中轴线，被喻为“龙脉上的酒庄”。自1979年建庄至今，一直承载着国宴用酒的历史使命。代表中国，宴请世界，并多次被作为“国礼”赠予各国的贵宾。**历经30余载，长城桑干酒庄载誉无数，以世界瞩目的国酒尊荣，记录下中国外交史上的众多辉煌时刻，更见证着新中国的成长与崛起。

感受桑干印象，感受历史。在酒庄的任何角落都可感受到雄厚的文化积淀，游客能随着桑干河的波浪穿越古今，体会每一件器物、每一瓶美酒所带来的传奇和厚重的历史。

参观地下酒窖，感受巨大。酒窖占地约5600平方米，走进酒窖，绝对视觉震撼。巨大的穹顶下，一排排大木桶整齐地排列。在这里，不仅仅可以近距离地了解葡萄酒的陈酿过程，还可以独享佳酿的储酒领地，整桶认购，谱写个性化定制葡萄酒的新寓意。管家式的服务，让人感到暖暖的贴心。

入住葡园酒店，感受舒适。睁开眼睛，以为自己身处葡园仙境。房间风格迥异，宁静舒适。窝在舒适的大床上睡个饱，第二天精力充沛，再次踏上发现美酒之旅。

桑干品鉴搭配葡萄酒主题美食，感受陶醉。这是全新的味觉体验。当您全身细胞沉浸在微醺之中，时间仿佛凝固。

酒庄地址：河北省张家口市怀来县沙城镇东水泉村东

景区荣誉：1978年经国家五部委选定的国家级葡萄酒科研基地；中国第一瓶干型葡萄酒的诞生地

酒庄门票：25元/人（仅参观）；60元/人（参观+两款品酒）；100元/人（参观+四款品酒）

预约电话：0313-6838858

nwww.greatwallwine.com.cn

交通温馨提示

线路1：开车自驾行。自北京市内出发，驾车途经京藏高速（G6），在沙城东（土木出口）收费站下高速，到酒庄约17千米，约22分钟。

线路2：飞机飞抵北京首都国际机场，乘地铁至北京站，转火车K615至沙城站，打车抵达酒庄约10千米，约15分钟。

线路3：坐高铁直达北京南站或北京西站，乘地铁至北京站，之后同线路2。

百度地图导航长城桑干酒庄

直达酒窖的电梯上就已弥漫着橡木酒桶和酒的香气，走进酒窖豁然开朗，橡木香扑鼻。佳酿的背后，要经得起长时间的发酵。用百年树龄法国橡木桶陈酿22个月，美酒在橡木桶内缓慢醇熟，一瓶瓶佳酿得以传世。

在酒庄这么玩

走进长城桑干酒庄，被中国古典风格和欧式风格的美所捕获，开启一整天美好的心情。

沙城产区解析展示厅中硕大酒瓶的瓶身图案让人瞬间联想起《太阳照在桑干河上》。

这里是桑干印象的橡木桶展示厅，有关橡木桶的历史变迁，它是如何制作出来的，一目了然。

在桑干体验馆感受穿越历史的味道。长城全球酒庄群，继承着前辈的光荣与梦想。葡萄酒的历史和内涵文化的展示不仅震撼，也许还会使您对葡萄酒的理解有一个从口感到印象的记忆飞跃。

The International Wine & Spirit Competition
白葡萄酒
White Wine
EXTRA DRY
PRODUCED AND BOTTLED BY
THE GREAT WALL WINERIES

长城桑干酒庄

毗邻紫禁城中轴线，
“龙脉上的酒庄”。

扫一扫二维码，酒庄微信公众号看更多精彩。

左一图：1122.5亩黄金树龄葡园寻踪，与桑干的近40年黄金树龄葡萄藤亲密接触，让人心驰神往。这里是中国树龄最长、品种最全的酒庄葡园。不仅如此，这里还有八棱海棠观光园、葡萄采摘园、花海观光园、有机蔬菜采摘园。寻踪之后，和旅行的同伴一起鲜食采摘，置身有机田园，漫步诗画美景，品味桑干风情，乐趣无穷。

左二图：这就是中国葡萄酒历史上最值得骄傲的白葡萄酒——1979年龙眼葡萄酿造的长城牌白葡萄酒。

右一图：仔细了解葡萄酒辉煌历程，品鉴美酒时会别有一番滋味在心头。

右二图：很多外国友人慕名而来，在酒庄可以认真聆听国家级专业品酒师的讲解，相互交流，相互学习。

右三图：酒庄还可以深度私人定制，为企业、个人都可以提供个性化定制服务。私人储酒管家服务可以为您量身打造一款特设酒标酒，将回忆封在瓶中，无论何时何地，拿出来细细地品味，酒香都那么回味无穷。

右四图：在观景露台可以直观地感受中国第一酒庄风土。眼前这富有生命力的绿色海洋，胸中舒缓的心境不可言喻。和朋友品酒聊天，多么惬意。

长城桑干酒庄美酒配美食，微醺酣畅

1987年“干白葡萄酒新工艺的研究”获国家科技进步二等奖。2005年长城牌V.S.O.P白兰地获伦敦国际评酒委员会特别金奖。好酒源于好风土。独特的桑干河流域微环境造就了酒庄酒典型的雄浑大气河谷风格：层次丰富，骨架清晰，口感浓郁。每年酒庄酿酒师从葡园中精选质量最上乘的葡萄原料酿造成特别专供的限量酒，用于国家级别的特定款待，并多次作为国礼馈赠给各国贵宾。

长城桑干限量珍藏版“超越2008”，是历经7年打造的顶级佳酿，全球限量发行2008瓶。它精选自葡园中3公顷向阳坡地表现优异的30年黄金树龄的国际名贵葡萄品种赤霞珠，在全新法国橡木桶中陈酿22个月。2008瓶无一雷同的三层水晶玻璃瓶身，融合了奥运元素与尊贵中国红创意灵感，由欧洲皇室御用工坊VENINI100余道工序纯手工特制。产品被中国奥委会永久收藏，同时进驻瑞士洛桑博物馆，成为唯一一款被世界知名博物馆收藏的顶级葡萄酒。

酒庄里不容错过的酒

长城桑干酒庄特别珍藏西拉干红

葡萄品种：西拉

酒精度：13.8%vol

它是2017年“一带一路”会议指定用酒；抗战胜利70周年接待会用酒。它获2010年布鲁塞尔国际葡萄酒及烈酒评酒会金奖。该酒呈深宝石红色，绚烂艳丽。闻之有雅致的梅子香为主导，伴随着浓郁的成熟浆果香在橡木桶熏陶中凝练，慢慢绽放出胡椒、焙烤等成熟酒香。有着细密紧实的丰满口感，层层相扣，圆润丰富，馥郁雅致之中又有着一丝强劲和厚重，别致风格不同以往，给人印象深刻。

长城桑干珍藏级雷司令干白

葡萄品种：雷司令

酒精度：12.5%vol

它是2017年金砖五国会议指定用酒；2017年“一带一路”会议指定用酒；2016年G20会议官方指定用酒；抗战胜利70周年接待会用酒；2014APEC会议官方指定用酒，曾获第四届（2010年）亚洲葡萄酒质量大赛金奖。它的酒液微黄中带一抹绿，晶莹剔透。具有淡雅的槐花香和蜂蜜、矿物质气息，伴有梨子、杏、柠檬、青苹果等水果香气，浓郁而复杂。入口清新纯正，舒顺协调，甜润甘美，层次感强，后味绵长。

意犹未尽还想带走的酒

长城桑干酒庄珍藏级梅鹿辄/赤霞珠干红

葡萄品种：40%赤霞珠、60%梅鹿辄

酒精度：13.5%vol

获2017年布鲁塞尔国际葡萄酒及烈酒评酒会金奖；2012年布鲁塞尔国际葡萄酒及烈酒评酒会金奖。它是2016年G20会议官方指定用酒。该酒呈深宝石红色。具有成熟果实带来的黑色李子、桑葚气息，橡木香与果香浑然天成，浓郁、芬芳。单宁细腻，口感婉约柔润，有天鹅绒般柔软的质地。

长城桑干传统法起泡葡萄酒

葡萄品种：霞多丽

酒精度：12%vol

它是新中国第一瓶符合国际标准的传统法起泡葡萄酒，是奥运圣火登顶珠峰时开启的庆功酒。酒呈禾秆黄色。果香清新悦人；泡沫洁白细腻，恰似珍珠，伴随泡沫散逸着丰富浓郁的酵母香、奶油香和桃子、菠萝香。入口酒质滑顺清新，杀口感适中，各种香气在口中纷至沓来，口感细腻雅致。

庄园私房菜

天之韵葡萄酒主题餐厅可同时容纳300人就餐。特色菜罐焖凤爪、官厅水库鱼头泡饼搭配桑干美酒，如同天地合一，物我相通，别有一番中国滋味在心头。

酒庄周边特色景点，计划不一样的线路游

★帝曼温泉度假村　　距酒庄：约8千米

坐落于中国葡萄之乡怀来县的11万亩葡萄园之中，面朝官厅湖畔，背靠著名的道教圣地老君山。这里已成为京西北郊区旅游区域一流的住宿、温泉、会议度假中心。

★卧牛山　　距酒庄：约29千米

卧牛山系怀来古城东门遗址，素有“四大景致”之誉。它横卧官厅湖面，犹如一头巨牛，脖子伏在岸边为半岛，头伸向水中成一个小岛，三面环水，与对面群山遥遥相望。

★鸡鸣驿古城　　距酒庄：约30千米

中国古代邮驿史上的大型驿站。鸡鸣驿城内遗址有慈禧太后西狩时下榻的古建筑。

★八达岭长城　　距酒庄：约54千米

俗话说不到长城非好汉。万里长城的精华部分，气势雄伟恢宏，号称天下九塞之一。

怀涿盆地产区

紫晶庄园
爱上葡萄酒的钟情之地

Huailai Amethyst Manor

只因为我们爱上了葡萄酒，我们钟情于此……这里有简约、朴实的怀来民居，北可俯瞰官厅湖，南可眺望古长城。白天晴空万里，傍晚晚霞美丽，葡萄们快乐地生活着。人可置身其中，醉情山水，怀古探幽，在山水之间享受600亩葡萄园四季的美不胜收，再到地下酒窖感受葡萄酒的气息，享受地方特色的美食、住宿、私藏窖室、专属您的爱酒。闹市中一周繁忙的工作，令您精神疲惫，郊区里一天轻松的休闲，使您精神焕发。体验别具一格的生活方式，韵味悠长的旅程莫过如此。

大热点关键词

酒庄的位置决定了酒庄的风情。这里的天湛蓝透明，山巍峨尖耸。隐蔽于盆地之中的一片葡萄园，在苍山蓝天下，能带给人远离尘嚣的世外怡情。

游览参观酒庄。蓝天白云下的葡萄园和恬静的田园生活，与现代化的工业生产形成了对比鲜明的美感。在都市中打拼的人们，来到这里放飞心情，可以得到最好的休憩和身心疗愈。

置身地下酒窖的别样体验。您会感到走进了另一个神秘而快乐的世界，这里是葡萄酒的芬芳和快乐的发源地。

享受一段身为品酒师的时光。在一座酒庄中必须过一把品酒师的瘾。从醒酒、倒酒到入口品一款酒的滋味，是绅士礼仪，也是优雅的品味。其中滋味，因时因地因人而异，令人感悟人生亦如品酒。

跟着酿酒师DIY酿酒。从葡萄变成酒，您可以手工体验制作的过程。跟着酿酒师全程体验葡萄酒酿造，从果实到汁液，再到酒香四溢，随时都会遇到惊喜。增加一份人生体验，是旅行的深层意义。

在盆地风光中采摘鲜食葡萄。隐秘的盆地地势给葡萄园增添了无限风情，远山和静湖，是粗犷与秀美的天然搭配。每年9、10月份，湛蓝天空下一串串葡萄成熟，葡香悠长，是采摘的最好季节。秀色可餐，尝尝鲜吧。

酒庄地址：河北省张家口市怀来县瑞云观乡大山口村北

景区荣誉：张家口市农业重点、龙头企业

酒庄门票：旺季50元/人；淡季45元/人

预约电话：0313-6850366

www.hlamethyst.com

交通温馨提示

线路1：开车自驾行。自北京市内出发，从京藏高速（G6）出京，从河北第一个高速出口东花园收费站出高速，右转前行3千米即是。

线路2：飞机飞抵北京首都国际机场。坐地铁到地铁8号线终点站朱辛庄，乘坐880路公交车（朱辛庄—沙城）在东花园站下车，下车南行3.5千米即是。（在东花园，公司有专车接送0313-6850366。）

线路3：坐火车到达沙城火车站火车，从沙城坐880路到东花园站，同上。

百度地图导航怀来紫晶庄园

冬天，北方天气很冷，葡萄园需要保暖，经过漫长的冬天，葡萄们呼吸到春天的气息真好！每年10月葡萄精灵们终于成熟了，就要成就自我，可爱的酿酒师用心照料它们，恒温酒窖成了成熟的温床，预示着美酒的诞生。

在酒庄这么玩

走进大门，眼前是一块巨大的镇山石。走过厂房，大片的葡萄园依山而下，远望苍山，风光无限。

有“中国葡萄之乡”美誉的怀来县，葡萄栽培历史悠久。酒庄的葡萄园里30年以上树龄葡萄藤记录着历史。

来自美国、法国、匈牙利等的优质橡木桶整齐堆叠在酒窖中，散发着橡木香，丝丝酒香十分诱人。

酒庄吸引了众多国外葡萄酒爱好者慕名而来，是旅游，是学习，更是交流。大家的一致感受是不虚此行！

紫晶庄园

葡萄种植、
葡萄酒酿造、
窖藏及橡木工艺的
休闲观光庄园。

扫一扫二维码，酒庄微信公众号看更多精彩。

左一图：品酒间吧台，宽敞的空间，融合的灯光，酒架上放着层层美酒，氛围和谐。

左二图：Party间可以举行小型会务，可以举办生日晚会，还能举行几十人的酒会。地下酒窖4000平方米，空间充裕。

右一图：酒窖长廊深几许，每个铁门背后的小房间都是为热爱葡萄酒的人们打造的私人藏酒空间。好的藏酒环境，恒温、恒湿、避光、防震……地下酒窖藏酒是难得的好地方。紫晶庄园是国内私藏酒窖的倡导者和推广者，私藏酒窖服务完善周到。

右二图：品酒室开启了人们的嗅觉、味觉和视觉的多重感受。大家边品酒，边讨论。紫晶庄园的葡萄酒曾获很多金奖，品金奖酒让人回味无穷。

右三图：品葡萄酒亦享受，亦学问。紫晶庄园是真正想钻研葡萄酒领域的人的乐园。酒庄不定期会有专业葡萄酒培训，所请老师是国内外葡萄酒大师级人物，学生通常是葡萄酒行业大咖组团带着笔记本来听课。

右四图：坐在葡萄园边上，搭上凉棚，几位好友品酒谈心，岂不美哉！

紫晶庄园美酒配美食，微醺酣畅

紫晶庄园的葡萄酒屡获金奖。2009丹边珍藏级品丽珠干红葡萄酒2012年度荣获第五届亚洲葡萄酒质量大赛金奖；2011年份马瑟兰干红获2014年度中国优质葡萄酒挑战赛金奖；2012丹边特选级霞多丽干白葡萄酒2012年度荣获第五届亚洲质量大赛金奖；2014年丹边庄主珍藏级美乐干红葡萄酒2015年度荣获德国柏林葡萄酒大奖赛金奖。之后，紫晶庄园葡萄酒先后在RVF中国优质葡萄酒挑战赛、德国柏林葡萄酒大奖赛、韩国大田第三届亚洲葡萄酒大奖赛、第24届布鲁塞尔葡萄酒大赛、品醇客世界葡萄酒大赛等重要赛事摘得多项桂冠。特别是2016年发现中国·2016中国葡萄酒发展峰会上，受到以杰西斯·罗宾逊为代表的三位国际葡萄酒大师的推荐和好评，获得了“年度10大中国葡萄酒”和“年度最具潜力中国葡萄酒”两项桂冠。

2017年庄园推出“晶”系列新品。

酒庄里不容错过的酒

晶彩–霞多丽

葡萄品种：霞多丽

酒精度：13%vol

获2017年度第24届布鲁塞尔葡萄酒大赛金奖。此款酒呈清澈的柠檬黄色，充满了柑橘和青苹果等新鲜水果的香气。酸度、酒精度中等，酒体圆润饱满，清新纯净，爽朗怡人。

晶灵–品丽珠

葡萄品种：品丽珠

酒精度：13%vol

获2014年度中国优质葡萄酒挑战赛金奖。此款酒呈深宝石红色，散发浓郁的黑胡椒、辛香料的气息，入口柔顺甜美，酒体饱满，风味均衡，口感丰富，层次分明，回味细腻持久。

晶灵-赤霞珠+美乐混酿

葡萄品种：霞多丽、美乐

酒精度：13.5%vol

它是2017年推出的大单品。此款酒呈明亮的红宝石色泽，李子、樱桃的甜香以及橡木桶带来的香草、巧克力等香味丝丝缠绕，口感饱满厚实，有着层次丰富的单宁与结构，果香贯穿始终，余味悠长。

晶典-马瑟兰

葡萄品种：马瑟兰

酒精度：14%vol

获2015年度韩国大田第三届亚洲葡萄酒大赛金奖。酒呈深紫红色，充满了成熟的浆果如樱桃、李子干以及橡木桶赋予的香草、巧克力等香气，入口甜美迷人，酒体饱满厚重，单宁细致丰富，贯穿的香气令人愉悦，回味连绵悠长。

晶典-美乐

葡萄品种：美乐

酒精度：14%vol

曾获2015年度柏林葡萄酒大奖赛金奖。酒呈深紫红色，成熟草莓、李子、黑樱桃香气交织着香料味道，入口甜美圆润，丝绸般的单宁在各种红色水果香气的包裹下，充分显示出优雅甜美的风格。

庄园私房菜

酒庄酒店有中式、日式、西式菜肴。宴会厅可举办大型商务会议和婚庆酒宴，多口味的配菜吃出麻辣、香酥、鲜美的滋味，适合餐酒搭配。

酒庄周边特色景点，计划不一样的线路游

★天漠影视城　　距酒庄：约 15 千米

《新龙门客栈》《龙门飞甲》《建国大业》等在这里取景。天漠马队远近闻名，赶得巧还能观摩到拍摄现场，过把演员瘾。

★官厅湖　　距酒庄：约 16 千米

这里夏季微风习习，游泳、泛舟、垂钓、爬山、观景；冬季可以利用大面积冰面滑冰，并取湖冰雕制冰灯，还可以到温泉洗澡养身。官厅湖还与周围众多旅游景点相接。

★大营盘古长城　　距酒庄：约 25 千米

大营盘长城位于河北省怀来县瑞云观乡南部山区，是国家重点文物保护单位。它和八达岭、慕田峪等长城不同，由石块堆砌而成。景区未经开发，更有一种纯天然的味道。

★野三坡　　距酒庄：约 78 千米

国家 5A 级风景区，含 7 个景区。置身其中，峰峦叠嶂，满山翠碧，流水汩汩，山中奇石嵯峨，险峻巍峨中充满秀丽风光。

怀涿盆地产区

马丁酒庄
大自然意境的人文公园

Chateau Martin

马丁酒庄位于素有"中国葡萄酒之乡"美誉的河北省张家口市怀来县桑园镇，一个依山傍水的温暖之乡。酒庄距北京100千米，距沙城18千米，距官厅水库5千米。自然生态环境与酒庄共融，形成了一个完美的人文公园。这里既有百年传统的欧洲传承，颇深的英国血统，亦有中国葡萄酒的历史传承。在这里您不仅可品尝美酒，还可尽情地沉浸在大自然的怀抱中，享受历史沉淀的韵味和异国风情。2017年，马丁酒庄成立20周年。齐派著名画家邓白跃进专为20周年葡萄酒绘制酒标作品《秋实》。

大热点关键词

整个酒庄拥有纯正的英国血统，还未进入酒庄内部，就被它的西式风格所吸引。酒庄如同一位贵族小姐，高雅，精致，落落大方。进入地下酒窖，未见其酒先闻其香，巨大的橡木桶装满葡萄酒，酒与橡木桶相互交融，葡萄酒融入橡木桶的清香，变得美味。镶嵌式的壁橱放满玲珑剔透的玻璃瓶，瓶中紫色的液体让人垂涎欲滴。环顾四周，大木桶与玻璃瓶，酒香和橡木桶的香气都融为一体，给人心灵上的宁静之感。

来马丁酒庄，感受一场舌尖上的旅行。品酒屋是一个奇特的存在，不同种类的葡萄酒无论是在口感上，还是在酿造工艺上都有着千差万别。进入品酒屋，如同进入一个新的世界，颜色各异的葡萄酒，散发着不同种类的香气。边品酒，边自助烧烤，葡萄酒轻抿在口中，酒的味道如同一颗美味的炸弹，瞬间在口中爆开，味蕾的饥渴传送至大脑，让您舍不得放下手中的佳酿，只想一醉方休。

来马丁酒庄，经历一次自然之旅。拎上竹篮，钻到自然的怀抱中去。在酒庄里，拥有着一片世外桃源，无论您是偏爱颗颗饱满的葡萄，还是沉甸甸的果子，都可以亲力亲为去采摘。宿农家乐，品美酒，去体验贴近原生态的生活方式。晚上的篝火晚会，让人乐不思蜀。

酒庄地址：河北省张家口市怀来县桑园镇

景区荣誉：第三届中国葡萄酒行业评选中获最具魅力酒庄奖

酒庄门票：20元/人（仅参观）；50元／人（参观+五款品酒，并要求参观人数达到10人及以上）

预约电话：0313-6870326

www.martinwine.cn

交通温馨提示

线路1：开车自驾行。自北京市内出发，从京藏高速出京，东花园或沙城东出口下高速，行驶约20多千米即到。

线路2：飞机飞抵北京首都国际机场。再换乘火车或880公交车到沙城，打车或坐公交车抵达酒庄。

线路3：坐火车到达沙城火车站下车，打车抵达酒庄约30千米，约20分钟。

百度地图导航马丁酒庄

马丁葡萄酒具有得天独厚的产区优势。上世纪九十年代中叶，干红葡萄酒在中国刚刚起步，缺乏酿造好酒的优质葡萄原料。马丁酒庄按照具有相当超前意识的“酒庄酒”理念建设生产基地。

在酒庄这么玩

在马丁酒庄旅游一天，对葡萄酒的认识会更深刻。酒庄从法国及意大利引进先进的葡萄酒加工和灌装设备，生产工艺一流。这里是学习专业酿酒技术的好去处。

酒庄因地制宜发展合作酿酒葡萄基地5000多亩，自有酿酒葡萄基地200多亩。酒庄从法国波尔多引进赤霞珠、梅洛和霞多丽等优良品种葡萄苗木，精心培育。

瓶储区可以储存十万瓶葡萄酒，整整齐齐，横卧摆放。

1000余平米的地下酒窖珍藏了马丁酒庄多年来酿制的干红葡萄酒等精酿佳品。橡木桶全部从美国、法国、匈牙利原装进口。

马丁酒庄

至美风景，
至醇美酒，
至享生活，
尽在马丁酒庄。

扫一扫二维码，酒庄微信公众号看更多精彩。

左图：一大家子七八口来酒庄，住在酒庄的欧式别墅，别墅宽敞明亮，窗外葡萄园一片碧绿，分外养眼。

右一图：这里可以吃到新鲜的黄杏，还能体验亲手采摘的乐趣，这是多么开心的事儿！6月底到7月初是采摘的好时节，喜欢亲子游、家庭游的朋友不妨来酒庄杏园摘杏儿，边吃边玩。

右二图：酒庄豪华品酒屋，欧式风格。在这里十几人在一起品鉴，能享受到一种独特且难忘的品酒体验。

右三图：别墅房间室内空间很大，不仅仅是住宿，还可以品酒、品茶、卡拉OK等，各种休闲娱乐，乐得自在。天黑也遮不住大家的狂欢，夜幕降临之时，正是自助烧烤之时。准备好烧烤的材料，洗干净自己亲手摘下的果实，大家说说笑笑地坐在一起。拿出最美味的葡萄酒，烤架上的肉发出吱吱的声响，人们已经按捺不住体内的馋虫。烧烤端上来还未拍照留念，就被大家一抢而空。脱离了城市的喧嚣，和朋友一起说说笑笑，肚子被美食填满，内心也是满满的充实感。吃饱喝足之后，大家一起手拉手，或观赏漫天的星辰，或围着篝火载歌载舞，笑声与歌声在浩荡的苍穹回荡。

右四图：假想一下，坐在阳台，蓝天白云下，您望着眼前的葡萄藤，无论是朋友间私聊，还是独自晒太阳，皆心中愉悦。

马丁酒庄美酒配美食，微醺酣畅

马丁酒庄拥有优秀的酿酒师团队，近几年在国内国外各种比赛中获得多项殊荣。其中在2016“一带一路”国际葡萄酒大赛中马丁酒庄小西拉干红荣获金奖，2017年在英国伦敦举办的Decanter世界葡萄酒大赛中马丁酒庄小西拉干红、马丁酒庄龙眼干白双双荣获银奖并获得高分。在2017年《葡萄酒评论》葡萄酒大赛中，马丁酒庄黑比诺干红荣获银奖。不仅如此，马丁酒庄在2016年荣获国内魅力酒庄称号。2017年7月19日获得酒庄酒证明商标使用权，是全国首批获得酒庄酒证明商标使用权的16家酒庄之一。

酒庄里不容错过的酒

马丁酒庄小西拉干红

葡萄品种：小西拉

酒精度：14.5%vol

深宝石红色紫色调，有浓郁的香草、巧克力、树莓、焦糖、黑色水果的香气，口感甜润饱满，单宁细腻顺滑，具有巧克力、咖啡、烘烤的味道，酒体细致，回味长，具有新鲜的果味，感觉新鲜，有活力。

马丁酒庄黑比诺干红

葡萄品种：黑比诺

酒精度：12%vol

酒液澄清透亮，有光泽，浅宝石红色，优雅馥郁的红色水果香气，樱桃、草莓、优雅馥郁有层次感，入口圆润，平衡舒适，单宁如天鹅绒般细腻，具有草莓、苹果等水果气息，余味爽净。

意犹未尽还想带走的酒

马丁酒庄玫瑰桃红甜酒

葡萄品种：龙眼

酒精度：8%vol

产品类型：甜型

规格：375ml

酒呈靓丽的浅红色，具有水蜜桃、蜂蜜、草莓、白色花香等香气，口感酸甜，有黑醋栗芽苞、桃子、糖渍水果味，余味有黑醋栗芽苞味，舒适可口，令人回味。

马丁酒庄龙眼干白

葡萄品种：龙眼（沙城特色古老的品种）

酒精度：12%vol

酒呈金黄色，有优雅的果香与花香，伴蜂蜜香、香草香，香气持久。入口饱满圆润，酸度舒适协调，回味悠长。

庄园私房菜

在酒庄餐厅吃一顿绿色农家菜，官厅湖色一鱼多吃做出的菜品很美味。一条长桌摆在院里，铺上洁白的桌布。几十人的聚会热闹欢快，大家举杯畅饮，美食美酒，微醺酣畅。

酒庄周边特色景点，计划不一样的线路游

★官厅水库 距酒庄：约 5 千米

官厅水库是建国后的第一座大型水库，永定河的源头，大部分位于河北省怀来县境内，小部分位于北京境内的延庆。官厅水库被夹在两列山脉之间，水质良好，水面开阔。对北京人，实在是休闲度假好去处。

★黄帝城 距酒庄：约 12 千米

这座残破的 5000 年前的古城堡，中华民族这个东方伟大的民族就从这里起步。这里曾是中华始祖黄帝大战蚩尤的古战场。

★董存瑞纪念馆 距酒庄：约 29 千米

1954 年始建，并先后被评为全国爱国主义教育示范基地、国家 AA 级旅游景区、国家百个重点建设发展的红色旅游经典景区。纪念馆陵园多年秉承“培育爱国之情，激发报国之志”的理念，形成了独具史迹教育和旅游观光特色旅游景区，是塞外一颗璀璨的红星。

★鸡鸣驿 距酒庄：约 40 千米

中国保留最完整的古代皇家驿站，中国邮传、军驿的宝贵遗存。鸡鸣驿始建于明代初期，是目前保存最完好的、规模最大的一座驿站。从远处望去，几百米外高大的鸡鸣驿古城墙矗立在尘土飞扬的公路边，灰秃秃的尽显岁月的沧桑。这座古城巍峨而又庄严，于苍凉之中透着生机。

怀涿盆地产区

贵族庄园
享朴素之美，品沙中好酒

Chateau Nobility

“美”不仅仅是张扬，还有宁静与朴素之美。一排排葱绿的松树、海棠树环抱着整个酒庄。我们一路走来呼吸着大自然赐予的新鲜空气。1800亩的葡萄种植园更是一道辽阔景观，满眼的绿色尽收眼底，给酒庄增添了无限妩媚。上苍赋予了这片土地纯朴、无任何修饰的自然景象，可作为健康、舒适、温馨的一日游首选。最值得一提的是贵族庄园的好酒藏于沙中，这就是别具一格的沙藏瓶储，该技术已获国家发明专利。酒庄农家小院值得一去，美酒配绿色原生态的农家菜，微醺酣畅。

大热点关键词

怀来县贵族庄园，始建于2000年。创建者挑选最优秀的地块，种上最适宜的葡萄品种。它坐落在巍巍长城脚下，风景秀丽的官厅湖畔，历史悠久的土木堡外，毗邻长城桑干酒庄。南临北京100千米，北接张家口市90千米，从八达岭北上到这里只需20多分钟车程。这里物产丰美，人杰地灵，以塞外花果之乡著称，且交通四通八达，旅游景点星罗棋布。

“石石”在在酿好酒，体验酿酒的耐心、用心、细心、精心。令人印象深刻的是屹立在门口的一座假山。它没有那么雕琢精心，但代表着的是一种决心和信仰。它完全是用开发葡萄种植园时挖出的石头堆砌而成，寓意着“石石”（“实实”）在在酿好酒。得知它的含义，不禁让人肃然起敬。酒庄俨然把葡萄酒酿酒科学，升华到酿酒艺术高度，这一切从葡萄园管理就已开始，将产地的精神以艺术的方式表现。

沙藏瓶储，酒庄独有。一排沙子一排酒，在砖块垒起来的围挡里，葡萄酒正在慢慢成熟。在这里，您感受到的是酿酒人因为懂得，所以心甘情愿为好酒的诞生付出时间经历。

这里是原生态的休闲之所。酒庄的接待中心——中式农家小院里，朱红色的圆柱，龙凤相间的瓦片，向上翘起的飞檐，镂空的木雕，具有浓厚田园特色。当这幅中式画面映入眼帘时，心中满满的是惊喜，在葡萄酒庄园巧妙地嵌入一座传统民居，让人感到别有风味。这里不仅可以享用原生态美食，还可以留宿，舒适安逸。

酒庄地址：河北省张家口市怀来县土木镇土木村

景区荣誉：2012年被评为《中国葡萄酒》中国魅力酒庄

酒庄门票：20元/人

预约电话：0313-6802116

www.guizuzhuangyuan.com

交通温馨提示

线路1：开车自驾行。自北京市内出发，驾车途经京藏高速，从沙城东出口出，右拐沿110国道直走，看贵族庄园路标牌，走约4千米就到。

线路2：飞机飞抵北京首都国际机场，乘地铁至北京站，转火车K615至沙城站，打车抵达酒庄约4千米，约10分钟。

线路3：坐火车到达沙城火车站下车，同线路2。

线路4：坐长途车到沙城汽车站下，走路到贵族庄园约1千米，约15分钟。

高德地图导航贵族庄园

贵族庄园的自然并不是"做"出来的自然，这里所见所闻，都具最朴实的安逸之感。庄园内有着生机勃勃的绿色"地毯"，放眼望去，给人一种心旷神怡的视觉享受。

在酒庄这么玩

贵族庄园是一个自然朴素、静谧简单，在短时间内就能体验到葡萄酒酿造全过程的酒庄。

建园伊始，酒庄首先把"良心"二字贯穿于酒品之中。标准化葡萄种植讲究绿色天然，葡萄树生长全程用农家肥补充养分。

这里十分注重酿酒过程的每一个细节，树立沙城出产优质葡萄酒的形象。

酒庄庄主师学峰先生介绍沙藏瓶储这样说："可不要以为普通的沙子就能用来藏酒，地面表层的沙子不仅不干净而且还受了污染，闻上去都带着一股土腥味，而我们沙藏用的都是地下十米深的沙子，当时这些沙子一挖出来还带着泥土的清香味。"

坤爵
干白葡萄酒
KUNJUE
沙城·产区
550ml

贵族庄园

自然、农趣，
颇具“贵族气质”。
中国本土特色
最美葡萄酒……

看酒庄视频，更多精彩。

左一图：贵族庄园对这片土地充满了热爱。您可坐在酒庄户外，品尝一杯经历过沙土埋藏的葡萄酒——坤爵龙眼二代干白葡萄酒。它清新优雅，丰盈均衡的口感，展露出龙眼葡萄在沙城产区独一无二的特性，品质高雅，风味十足。

右一图：每年的四五月份，海棠花开了，酒庄内外散发着优雅的花香。远处有低矮的山，仿佛是大地母亲的臂膀，将酒庄怀抱起来，给人温暖、踏实的感觉。

右二图：尽管贵族酒庄无奢华的建筑，但是酒庄随时欢迎四面八方的朋友到酒庄来，并以最芬芳的葡萄美酒款待每位朋友！

右三图：走进酒庄的农家院，脚下是用简单的矩形砖石铺建的小路，路旁放有圆形大水缸，镂空的廊柱上挂着红色的灯笼，长廊环绕着整座院子，又通向四面八方。朴素而传统的中式建筑。

右四图：酒庄十分注重酿酒过程的每一个细节，走进酿酒车间，处处都那么干净。酒庄制定了严格、详尽的操作规程，并细化到每一工序点，体现了人与葡萄酒完美结合的价值。

贵族庄园美酒配美食，微醺甜畅

上帝恩赐的阳光雨露，独特的怀来产区优势，赋予了酒庄葡萄的典型的产区特色。贵族庄园所酿造的每一款葡萄酒的原料，全部来自于自己的葡萄种植园。葡萄全程有机种植，每亩产量只有400千克。当糖度、色泽、呈香物质、酸、单宁达到最佳平衡时才人工穗选采摘。这里占尽天时、地利、人和。

酒庄酒优秀的品质来之不易，也获得了诸多奖项。其中，“美乐半甜桃红葡萄酒酿造技术研发”获张家口科技进步一等奖；坤爵至尊美乐桃红葡萄酒获得2012全国桃红葡萄酒挑战赛优质奖；坤爵干红葡萄酒荣获TOPWINE2010中国北京国际葡萄酒博览会优秀酒品。

酒庄里不容错过的酒

坤爵庄园美乐桃红葡萄酒

坤爵庄园至尊美乐桃红葡萄酒

坤爵庄园珍品美乐桃红葡萄酒

葡萄品种：美乐

酒精度：12.5%vol

贵族酒庄出品的“坤爵”系列桃红葡萄酒，是桃红葡萄酒中的上乘佳品，其酿造技术处于国内领先地位。桃红酒的酒体爽净，且丰满圆润。色泽靓丽，具有桃花般的鲜艳色彩，香气怡人，口感婉约细腻，该酒在8~12℃时饮用，顿觉香甜味美。

坤爵庄园珍藏赤霞珠干红葡萄酒

葡萄品种：赤霞珠

酒精度：13%vol

此酒高贵源于漫长而细致的酿造方式。低温浸渍、橡木桶苹果酸-乳发酵，陈酿，装瓶后置于幽暗恒温恒湿的酒窖沙贮漫长存放。酒呈美丽的深宝石红色，果香怡人。口感丝般柔顺，富有层次感，酒香醇厚。酒体细腻精致，均衡圆润，回味无穷。自然怡人的果香，让人总感意犹未尽。

意犹未尽还想带走的酒

坤爵美乐5° 低醇桃红葡萄酒

葡萄品种：美乐

酒精度：6%vol

酒呈粉红靓丽。隐隐的樱桃和薄荷香气，使人犹如身处在鲜花般的芬芳中，芳香四溢。入口果香、甜酸相互交织，完美平衡，展露出美乐的鲜美和酿造的精细。

坤爵龙眼干白葡萄酒

葡萄品种：龙眼

酒精度：10%vol

该产品以怀涿盆地盛产的素有“北国明珠”之美称的优质龙眼葡萄为原料。酒色微黄。味浓郁芬芳，带有沙城出产的苹果、梨、海棠、杏等诸多水果的香气。入口清新优雅，丰盈均衡，风味十足。

庄园私房菜

酒庄有地道的田园中餐，就在农家小院里，特有农家乐的味道。海产品为食材的菜肴丰富，厨师长特别推荐辣炒河蟹、鲍鱼炖白鸭，搭配贵族庄园珍藏赤霞珠干红葡萄酒，能感觉出酿酒师的水平。

酒庄周边特色景点，计划不一样的线路游

★土木村　　酒庄即在土木村

怀来县土木镇土木村可谓小山村、大历史。土木镇是历代兵家必争之地，镇政府驻地土木村始建于唐代，元、明、清三朝均设置“驿站”。如今，明代“土木之变”遗址犹在。据村里人代代相传，“显忠祠”正是为纪念“土木之变”中为大明殉难的百余名朝廷文武重臣和50万大军英魂而修建。

★官厅湖　　距酒庄：约43千米

官厅湖位于永定河上游，东南距北京市中心77千米，西北距张家口市80千米。这里山清水秀，浮光跃金，静影沉璧，碧波荡漾，上下天光，游目骋怀，物阜民丰，被誉为“塞外明珠”。

★大营盘古长城　　距酒庄：约43千米

这是唯一可直接将车开到长城底下的地方。盘山路蜿蜒曲折，景色壮观。

怀涿盆地产区

涿鹿亚珑酒庄

三祖圣地，古都佳酿

Chateau Yalong

亚珑酒庄位于中华民族的起源和中华文化的雏形初制地——涿鹿，悠久的历史和“血脉同根、文化同源、民族同心”的文化理念，赋予了酒庄更多的文化底蕴，造就了历史与现代的碰撞。我国独有的龙眼葡萄酒就发源于此地。酒庄四面环山，营造出一种隐逸的氛围。品过美酒下了田间，再顺着一条小路登上观光小长城，一切风光尽收眼底。信步游走，在葡萄架下听农艺老人讲起古老的传说，在葡萄园中享受采摘之乐。如果赶上一年一度的民俗节，老百姓的传统盛大狂欢日，绝对乐不思蜀。

大热点关键词

酒庄没有豪华的别墅或现代化的娱乐设施，却有一股自然、朴实、无华的民风。酒庄中的人们质朴、爽朗、豪放，一个地方因为有感觉的人而具有了不一样的风情，给人不一样的感受。

田园一日游。摘一根黄瓜，摘两个西红柿，用泉水洗洗，咬一口，那遥远的味道充满胸怀。这里能给予人们的是最天然的河北农家风情。

农耕体验。走下田间挥挥锄头，洒下汗水体验“锄禾日当午，汗滴禾下土”，下定决心从此不再浪费一粒粮食！

采摘乐趣。红红的海棠果、黄澄澄的甜杏和一串串饱满圆润的葡萄挂满枝头，喜爱采摘的您可以尽情挑选，让甜美的果实装满您爱车的后备箱；再顺便摘点蔬菜和玉米，回到家中也可以做顿农家饭。

亲手定制自己的酒。在醇香的酒罐间行走，用舌尖的味蕾去细细品味，用心去慢慢感受，从不同的琼浆中选出最打动自己的那一款，灌上几瓶签上自己名字的酒带回家去慢慢享用。

参加接地气的民俗节。一年一度的民俗节，各种传统绝活和现代表演的联合呈献，这是传统文化和现代思想的碰撞融合。

划船、垂钓。城市的喧嚣远去，这里是一片毫无雕饰的农村田园风光，尽享休闲娱乐。

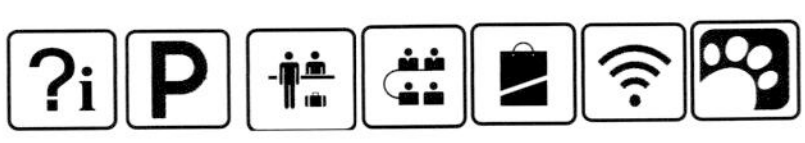

酒庄地址：河北省张家口市涿鹿县矾山河北涿鹿现代农业园

景区荣誉：张家口市农业重点、龙头企业、科技型企业

酒庄门票：免费

预约电话：13601263290

交通温馨提示

线路1：开车自驾行。自北京市内出发，走京藏高速,到东花园出口下，沿野康公路过官厅后至矾山镇西行，也可从康庄出口下沿康祁公路到官厅五里疙瘩，再向西行，看见“河北涿鹿现代农业园区”的牌子右转沿矾杏公路一直走路过铁道，共走约2千米即是。

线路2：飞机飞抵北京首都国际机场。地铁到朱辛庄坐898路怀来线五里疙瘩下车，有向西的客车即可到达。或到回龙观坐880路到沙城汽车站，转乘到矾山镇的客车即可到达。

线路3：坐火车到达沙城火车站打车约30千米，约47分钟。

高德地图导航亚珑酒庄

亚珑酒庄可谓北京的后花园。张家口市涿鹿县矾山镇位于北京的北部，距马甸桥130千米，不堵车的情况下驾车两小时到达。亚珑酒庄就坐落在矾山的河北农业园区内，是北京朋友节假日旅游放松的好去处。

在酒庄这么玩

来到亚珑酒庄，先在大门口的小木屋里喝杯茶，了解酒庄的概况。然后沿着旁边种满薰衣草的道路，开始一天休闲之旅。

到了收获的季节，酒庄硕果累累。海棠、黄杏、小苹果、红枣、葡萄，摘一个放进嘴里，香甜爽口。

6月是薰衣草盛开的季节，这个夏天您可以不去普罗旺斯，不去北海道，在这里感受那一抹梦幻的紫色，近在咫尺的异国情调。

在酿造车间，听酿酒师讲解葡萄酒的酿造工艺流程，感受葡萄酒文化，会对葡萄酒有更多零距离的切身感受。

亚珑奖教奖学颁奖仪
奖状

涿鹿亚珑酒庄

清晨出发，晚归时
我已是懂酒之人。

扫一扫二维码，酒庄视频看更多精彩。

左一图：在酒庄总能感受到一种亲情的温暖。酒庄做了很多公益活动，为小学校捐助资金，颁发奖学金，鼓励孩子们读好书，茁壮成长。

左二图：10月金秋，涿鹿矾山三祖圣地，喜迎葡萄大会。这里也是孩子的乐园。一家子在鲜食葡萄园采摘既安全，又欢乐。

右一图：划船享受休闲时光。

右二图：登上观光小长城。园中有水，水边一段小长城为这里增添了古老的塞外风情。走在青砖砌成的城上，看满园风光，遥想古老的华夏源头，黄帝带领自己的部族在这里与蚩尤部落大战，顿生豪迈之情。

右三图：酒足饭饱后，您还可以去观赏农民画家和剪纸艺人的作品，领略高手在民间的真意，震撼于华夏五千年文明史之摇篮和中华民族发祥地的文化传承。赶上民俗文化节，可欣赏当地的民俗民风。民歌对唱、锣鼓杂耍、武术、民间舞蹈等，是当地人的传统才艺，葡萄园也因为这里的民俗传统平添了独特历史积淀。

右四图：自行车队骑行5千米，就能到达三祖文化景区。雄伟的三祖堂、合符坛里气势磅薄的“九龙腾飞”，这些都在告诉您，这里是中华文明的发源地。极目远眺，还能看到不远处的万亩葡萄沟、美丽乡村的民居小院，还有古典建筑风格的古都小镇——矾山镇。

涿鹿亚珑酒庄美酒配美食，微醺酣畅

亚珑赤霞珠梅洛干红2011和亚珑赤霞珠干红2012曾获国际领袖产区葡萄酒（中国）质量大赛特别奖。

亚珑酒庄的私人订制酒品，根据不同的需要提供不同的LOGO，并搭配出合宜的酒品套餐，是很多新人的婚宴用酒。亚珑酒庄干红和亚珑酒庄干白等酒品搭配在一起，贴上新人独有的新婚照，让酒品焕发出喜气洋洋的情调。细品亚珑酒庄的干红，口感甘醇浓烈，散发着浓郁的果香和酒香，为婚宴增添喜气。

酒庄里不容错过的酒

亚珑酒庄赤霞珠干红

葡萄品种：赤霞珠

酒精度：13%vol

酒呈深宝石红色，初尝有樱桃、草莓香，随后熏烤和甘草香，入口单宁顺滑，酒体饱满平衡，层次丰富，余味悠长。

亚珑酒庄赤霞珠梅洛干红

葡萄品种：赤霞珠、梅洛

酒精度：13%vol

酒呈深宝石红色，散发浓郁果香和木香，口感甘醇饱满，回味悠长。

亚珑酒庄蛇龙珠干红

葡萄品种：蛇龙珠

酒精度：12.5%vol

酒呈宝石红色，清澈透亮，闻之果香与熏烤香，滋味醇厚，别有特色。

意犹未尽还想带走的酒

亚珑酒庄霞多丽干白

葡萄品种：霞多丽

酒精度：12%vol

酒呈浅黄色，初尝有青苹果的香气，随后带有香草和鲜花的香气，入口酒体柔顺，爽口愉悦，沁人心田，余味悠长。

庄园私房菜

来到葡萄酒之乡，自然要品尝一下当地独特的美食美酒。官厅水库的有机大鱼，高寒地区长出的莜面做的莜面傀儡、一品莜面窝、莜面饺子，喝泉水的驴的驴肉，特制的山药馍馍，被誉为“矾山咖啡”的糊糊，还有绝不能不喝的葡萄酒。老土味儿沾上了新鲜洋气，给质朴的当地菜品增添了风味，不吃得肚子圆圆您绝舍不得放下杯筷。

酒庄周边特色景点，计划不一样的线路游

★中华合符坛　　距酒庄：5 千米

位于三祖堂正南，是为了纪念黄帝在涿鹿釜山合符、中华民族实现首次融合这一伟大历史事件。建筑设计象征着天地之间“四面八方来朝，同心归向一统”。

★英雄时代影视基地　　距酒庄：5 千米

影视基地是著名导演张纪中制作的央视电视剧《英雄时代》的拍摄地。来这里游客将穿越历史，体验原始时代的人如何生活。

★中华三祖堂　　距酒庄：5 千米

中华三祖堂是为纪念华夏始祖黄帝、炎帝的伟大功绩。整体建筑呈唐代建筑风格，古朴凝重。景点包括黄帝城、黄帝泉、轩辕湖、蚩尤寨等，从中了解华夏文明的起源。

★怡馨苑温泉度假村　　距酒庄：15 千米

按照国家四星级标准建造的京西最大温泉休闲乐园，集康乐健体、商务聚会、观光旅游、品尝美食、垂钓采摘等于一体。

北京云湖小产区

邑仕庄园
开窗见云湖，匠心酿好酒

Chateau Yishi

就在美丽的密云水库南岸、云湖东侧的半山之中，“隐藏”着一个曾是清代皇家葡萄园的神秘之地。褐黄色砖石垒砌的大门并不打眼，但自入园开始，恢弘壮阔之势令人震撼。园内由西向东的三大建筑，呈太师椅造型稳坐山间。它们依山而建，顺势自然，层层递进，中轴贯穿。不论您身在何处，云湖美景尽收眼底，正所谓“开窗见云湖”。这里就是北京唯一一座坐落于云湖之畔的葡萄酒主题庄园——邑仕庄园，“邑”，一国一帮之都；“仕”，声名显赫之士也。“邑仕”，京城名仕的最佳去处。

主楼城堡俨然一座欧式建筑，原石色砖墙呈浅褐色，用杂色砖体呈斑驳感，颇具古朴的欧式浪漫风情。走进中式文化区，实木台梯上正门为兽面衔环铺首。推门而入，厅堂正中一套红木中堂，两侧红木八仙桌椅厚重精致。开窗可见满眼的草地和湖面，仿佛穿越到山水间的闲居雅士的客厅，只差您推杯换盏，吟诗作对。

大热点关键词

一个王朝的背影。北京邑仕庄园是在康熙王朝皇家葡萄园——邑园故址上复建而来的，邑园的创立可追溯至康熙四十九年（公元1710年），是清代宫廷第一座皇家葡萄园。北京澳德集团重整邑园世产，发掘邑仕文化，邑仕庄园重焕生机，步入了快速发展的新纪元。

龙背上的红酒庄园。邑仕庄园兴建伊始，在修建庄园大门挖掘山体时发现巨石，久掘不动，顺势清理现一整块天然巨石，仿佛一只巨大的赑屃正在往庄园内匍匐前行，惟妙惟肖、形神兼备。建造城堡壹号酒窖时门口又现一块天然岩石，形似一只巨大的赑屃探出头来，而整个城堡看上去神似赑屃真身，令观者称奇！整个城堡仿佛被赑屃驮在了背上，所以邑仕庄园也被称为“龙背上的红酒庄园”，庄园天赋的“龙龟文化”也融入到了庄园建设和品牌文化的底蕴之中。

道法自然，藏而不露。邑仕庄园建造过程中，本着尊重自然、融于自然的思想，尽力保留了山体的自然风貌，庄园建造整体采用燕山山脉精选石材为主，辅以少量木艺、铁艺，与自然融为一体，浑然天成。形成了赏湖台、凭湖轩、邑仕城堡、邑仕广场、三生石、情人谷、葡萄长廊等特色景点，静坐可听风语，开窗可见云湖，天清气爽，美不胜收。

追求完美，和兴共赢。庄园壹号酒窖门前枝繁叶茂。左边一棵核桃树，右边一棵金杏树，原生天成。“核、杏”取其谐音，寓意和谐幸福，完美印证了庄园建设的初心理念。

酒庄地址：北京市密云区太师屯镇流河峪村向西101国道边

酒庄门票：198元/人

预约电话：010-89088720

wwww.yishi99.com

交通温馨提示

线路1：开车自驾行。自北京市内出发，驾车途径京承高速水辛路（18）出口出，沿101国道行驶10千米左右即到。

线路2：飞机飞抵北京首都国际机场，地铁至东直门公交枢纽，乘980快到密云西大桥站换乘密19支(或密19、密20、密21、密24)到流河峪。或坐火车到密云北站，换乘公交到达流河峪，抵达酒庄不到1千米，步行即可。

线路3：坐高铁直达北京南站或北京西站，再乘地铁到东直门公交枢纽，之后同路线2。

百度地图导航邑仕庄园

在酒庄这么玩

这里交通便利。紧邻101国道，距密云区中心20千米。站在酒庄中近可观果园葡园，远可俯瞰云湖青山。沿着山坡漫步，看鲜花绽放、果实累累，一片隐逸的情致。

1200余亩的葡萄种植基地有200多个酿酒及鲜食葡萄品种。在智能葡萄酒科普基地机器人讲解葡萄如何种植，有趣而新鲜。

这里是酒庄林园。树龄达几十年的果木擎着巨大的树冠，春夏秋冬上演着四季的变换。

酒庄的酒窖依山而建，援用窑洞原理，用巨大岩石砌成墙体，隐匿在山坡上，梯田下有多达8000平米的酒窖。这是不易发现的通往小酒窖的大门。邑仕庄园所产酒庄酒窖藏于此，年产仅2万支。

精致北京，密境云湖——
云湖小产区缔造者。

扫一扫二维码，酒庄微信公众号看更多精彩。

左一图：城堡楼顶明亮的红配上新鲜的绿，中式空中花园别有洞天。

左二图：酒庄的生产工艺流程得益于建筑的多层空间，采用重力发酵生产。葡萄经由城堡三层筛选平台，手工粒选，除梗破碎，自然重力到二层发酵罐，依次经过一层储藏罐、橡木桶储藏窖，地下一层瓶储窖，最后手工贴标装箱成品。充分体现了手工粒选的传统理念与精准温控的科技手段的完美融合，力求每一瓶酒都是由完美的果粒，精准的工艺管控，共同在恒温储藏环境中被雕琢出的艺术品。

右一图：酒庄前门的密云水库美景，眼界开阔，令人心旷神怡。

右二图：这里是悠然居，曲径通幽，有湖畔园、园心岛，恰合陶渊明“悠然见南山”中抬头见山、悠然自得的意境。小院南至南山，北靠一号酒窖，东邻酒庄环山小径，西观葡园与湖天一色。园中有数棵几十年的原生老核桃树，春生夏长绿荫遮天，午后山风撩衫，蝉鸣阵阵，凉茶木椅好不惬意。小院西侧木廊下5套湖景房开窗见湖，北侧落地透视门庭里有茶室、餐厅、小厨房，住在小院里可足不出院，有观景台，有喝茶座，有吃有玩，私密自在。

右三图：酒庄的中餐厅，让人不禁感怀老北京的味道。

右四图：若在这里住上一段时间，深居于此，客房与群山相依，窗外景色怡人，闲适逍遥。

邑仕庄园美酒配美食，微醺酣畅

邑仕庄园收藏系列干红葡萄酒可谓“匠心独酿、艺术珍品”。酒庄的酿酒葡萄的亩产量被严格控制在150千克以内，专属葡萄园管理精细，严格遵守人工采收、人工粒选，采用自然重力酿造技术，杜绝了机械力与金属材料的外来干扰。陈酿过程采用法国优质橡木桶陈储12~18个月，使酒体充分吸收橡木桶的有益物质与香气风味，实现果香与陈酿香的自然融合。之后至少陈储5年，达到适饮初期方可上市。它们依据不同的陈年能力，从低到高依次为“珍藏（CLASSIC）”“封藏（RESERVA）”“典藏（GRAN RESERVA）”三个级别。

酒庄里不容错过的酒

邑仕庄园·封藏

葡萄品种：赤霞珠

酒精度：14%vol

年份：2012年

澄清透亮，呈深宝石红色，边缘显紫色调。闻之果香饱满，黑醋栗、黑樱桃、黑李子等黑色浆果香气及植物类香气。伴随着法国橡木桶带来的烘烤、巧克力、皮革、湿树叶等陈年香气。入口酒液厚重，酒体结构庞大，单宁强劲有力，口感平衡，余韵悠长。这是一瓶可以传家的好酒。上市前以蜡封工艺隔绝透氧量，酒在瓶中可长期储存，以利收藏。建议陈酿5年方初步适饮，口感强壮。典型赤霞珠风格，最佳适饮期10年。

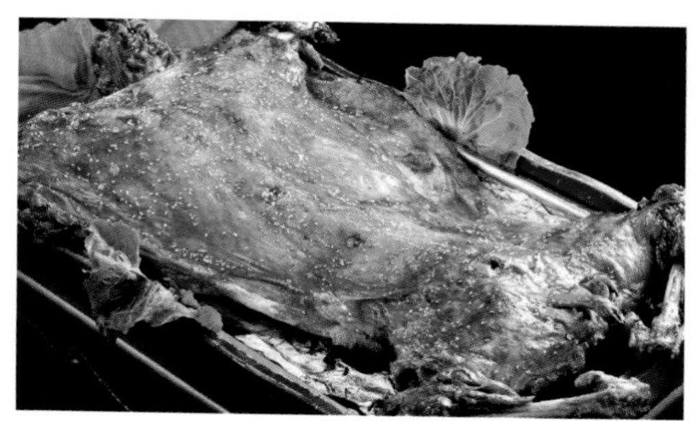

庄园私房菜

酒庄有20多个包间、多功能宴会厅、户外烧烤场、主题西餐厅等。主打菜品：果木碳烤羔羊、密云水库野生胖鱼头、粗粮澳洲雪蟹钳、炖野生有机鲤鱼等，配上一款适宜的葡萄酒，相得益彰。

酒庄周边特色景点，计划不一样的线路游

★白龙潭　　距酒庄：约2千米

白龙潭山高林密，水资源丰富，气候凉爽宜人，是避暑佳所。景区内的龙泉寺两进院，有山门、大佛殿、后殿及东西配殿。寺内有明代抗倭名将戚继光赋游龙潭的诗碑，有清乾隆、嘉庆皇帝的御笔碑及李鸿章、袁世凯为修建龙潭的记事碑等，历史底蕴深厚。

★蜜蜂大世界　　距酒庄：约3千米

认养一箱蜜蜂，常回来看看。制作一款手工蜂皂，亲手采集蜂蜜，参观蜜蜂标本，走进蜜蜂文化长廊，这里是蜜蜂的世界，是小朋友们和昆虫爱好者的乐园。

★密云水库　　距酒庄：约0.5千米

密云水库面积180平方千米，开阔水域为漂流，垂钓、游湖等提供了最佳的场所，长达110千米的环湖公路是兜风不错的选择。看湖光山色，享一湾静水，有奇峰耸峙，有楼台隐于山间，风景秀丽怡人，遍布古迹。

★古北水镇　　距酒庄：约29千米

北方乌镇风格。传承司马台遗留的历史文化，进行深度发掘，包含北方乌镇风格的水镇和历史遗迹司马台长城。

天津酒庄旅游热点推荐

天津产区

王朝御苑酒堡
中法缔造的传奇之旅

Dynasty Winery

在天津倘若您要找寻一座欧式殿堂，王朝御苑酒堡不容错过。一处闹中取静、中法缔造的传奇，让这里充满故事。远观它，恢宏大气，掩映在一片青翠葡萄园背景中。走进它，高耸的酒神，华美的烛灯，贵族气息卓然。在这里您可以亲眼目睹王朝第一任法国人头马酿酒师亲酿的第一瓶王朝档案酒；徜徉在凡尔赛厅的达芬奇设计中，欣赏美轮美奂的双螺旋楼梯；游历人头马厅赠送的神秘礼物“黑珍珠”，品饮王朝佳酿，开启更多奇幻之旅。

大热点关键词

走进王朝御苑酒堡，优雅的酒神，华美的灯饰，精美的壁画、铁艺和雕饰，豪华的内部装修设计处处散发着法式贵族风情，精致、典雅、奢华，如同一座庞大的法国宫殿，彰显着贵族气息，更充满了传奇故事。

在酒堡博物馆您可以了解王朝作为中国葡萄酒行业第一家中外合资企业的发展史，欣赏1980年王朝第一瓶半干白葡萄酒。穿越葡萄酒文化长廊，近距离了解葡萄与葡萄酒的发展史、葡萄品种与生产工艺，倾听王朝作为最早国宴用葡萄酒的故事。

走进酒堡凡尔赛厅，美轮美奂嵌入葡萄元素设计，巨型画幅以及优雅的双螺旋曲线，与新人婚纱摄影相映已成一景。这里已成为知名影视剧剧组和婚纱公司的拍摄现场，不出户即可将欧式风情尽收眼底，美拍是必须的。

酒堡特色展示会议厅，人头马、蒙田、吉塞弗、玛歌，一个个展示厅不仅提供商务休闲也供游客参观体验，刘嘉玲、周杰伦等明星在这里曾留下身影。风格各异的展厅和展品令人目不暇接，极具特色。

走进酒堡品酒大厅，这里陈列着琳琅满目的王朝美酒。有特色葡萄酒供游客品尝。还有小瓶王朝酒，个性化商标让您爱不释手。临走捎上几瓶，让酒堡之行留下完美的一笔。

酒庄地址：天津市北辰区津围公路29号

景区荣誉：全国工业旅游示范点；农业产业化国家重点龙头企业

酒庄门票：80元/人

预约电话：022-26998888

www.dynasty.com.cn

交通温馨提示

线路1：开车自驾行。自北京市内出发，走京津塘高速。宜兴埠出口下高速进入宜兴埠立交桥，然后进入普济河东道，再直行进入津围线，行驶2.6千米左转，从津围线行驶350米，到达酒庄约10分钟。

线路2：飞机飞抵天津滨海国际机场，下飞机打车抵达酒庄约21千米，约30分钟。

线路3：坐火车到达天津北站。打车抵达酒庄约11千米，约23分钟。或地铁三号线到华北集团站，下车步行到酒堡约1.4千米，约20分钟。

百度地图导航王朝御苑酒堡

每年4~10月份一大片浪漫花海迎接您，给您一个不用远足就能实现的普罗旺斯梦想之旅。在酒堡，无论白天还是晚上，都是童话梦境一般，令人陶醉。

在酒庄这么玩

走进酒堡巴克斯主厅，抬头看大圆拱顶天花板，气势恢宏；正前方白色的酒神塑像，两侧酒神巴克斯油画，不禁产生一种对葡萄酒的崇拜。拾阶而上，欧式宫廷风格装饰尽收眼底。

沿着通往酒堡的圆拱形葡萄架长廊走进去，仿佛瞬间穿越到了法国卢浮宫。

地下酒窖，橡木桶旁摆放着整套流程的酿酒设备，体验中收获葡萄酒知识，参与中感受酿酒的快乐。

王朝葡萄酒产自中国，却蕴含着难以言说的法式风情。在品酒区细细品味王朝葡萄酒的香醇；在售卖大厅欣赏独具风格的包装设计，这时心中对这趟文化漫游才有了更贴切的理解。

DYNASTY
王朝公司现生产
干白葡萄酒

王朝御苑酒堡

见证中法奇缘，探寻葡萄酒文化的艺术之旅，您值得拥有！

扫一扫二维码，酒庄微信公众号看更多精彩。

左一图：在世界著名葡萄酒展示厅，展示着1980年王朝公司生产的第一瓶半干白葡萄酒和现在生产的半干白。站在它们面前，似乎能听到娓娓道来跨越近40年的传奇故事。

左二图：走进王朝酒堡博物馆企业文化展区，有很多奖状、证书和书画家们的墨宝。就连错落酒瓶摆出的波浪屋顶也分外养眼。

右一图：葡萄酒酒窖四层橡木桶，整齐排列，分外壮观。

右二图：通过一条中世纪的甬道，在烛光下游客走进酒堡凡尔赛厅，这里悬挂有四幅与葡萄酒有关的巨幅画作，分别是《诺亚方舟》《背负十字架的耶稣》《牡蛎宴和酒神与贵妇》。由达芬奇原设计的双螺旋楼梯，无数新人在这条相互缠绕的唯美曲线下拍下美丽的婚纱照。

右三图：由双螺旋楼梯盘旋而上，抵达凡尔赛厅二楼，沿甬道向前依次会观览蒙田厅、人头马厅、吉塞弗厅和玛歌厅。每个厅都有自己的故事与风采，还有珍贵的文物和展品，有约瑟芬女皇坐过的木椅，人头马赠与神秘礼物“黑珍珠”，造型独特的香奈葡萄酒，玛歌铜盘等。照片上的这个房间就是玛歌厅。

右四图：这里是吉塞弗厅，欧式风情，典雅庄重，适合高级别的商业会谈、国际间文化交流研讨会等。

天津王朝酒堡美酒配美食，微醺酣畅

1984年3月13日，是个值得记住的日子，首次走出国门参加在民主德国莱比锡召开的国际葡萄酒评酒会，王朝半干白葡萄酒就以“既有欧洲风味，又有中国特点”，清新爽口，果香浓郁，色香味俱佳，征服了来自世界各地的专业评委，从而冠于一百多个国家的九千厂家的产品之首而获得金牌。

这一枚金牌可谓来之不易，弥足珍贵，这是新中国食品行业获得的第一枚国际金奖，也是中国葡萄酒在世界上获得的第一块金牌。此后王朝酒又荣获14枚国际金奖，此外还获得国际科学进步奖、农业产业化国家重点龙头企业、中国名牌产品证书等。

酒堡里不容错过的酒

王朝大酒窖OAK189赤霞珠干红葡萄酒

葡萄品种：赤霞珠

酒精度：12%vol

酒呈深宝石红色，内敛厚重，散发着成熟的果香、木香，入口和谐丰满，口感均衡圆润，颇具法国波尔多风情，窖藏之后焕发成熟魅力。回味悠长，细腻绵密。

王朝白兰地

葡萄品种：白玉霓

酒精度：40%vol

酒呈金黄色，晶莹剔透；独特果香、优雅酒香和木桶香，多种高雅生化香，构成浓郁的白兰地香气；味甘润适口，醇厚细腻，酒体完整，回味无穷。法国典型的高涅克（cognac）风格。

意犹未尽还想带走的酒

王朝半干白葡萄酒

葡萄品种：麝香葡萄、贵人香、佳利酿

酒精度：11.5%vol

酒微黄带绿，果香浓郁，酒香优雅；入口舒顺清爽，细腻丰满，典型完美。

庄园私房菜

酒堡设有西式餐厅和西式餐厅，提供多样的餐饮服务。酒堡濒临海滨，不乏海鲜，葡萄酒因美食被赋予了全新的意味，菜肴也因葡萄酒变化出新的味道。

酒庄周边特色景点，计划不一样的线路游

★意大利风情街　　距酒庄：约5千米

这条意式风情街集旅游、商贸、休闲、娱乐和文博为一体。这里有马可波罗广场、回力球俱乐部、意大利兵营，又曾因名人荟萃，风云四起，打上了别样的文化符号。

★西开教堂　　距酒庄：约7.5千米

这是一座建于上个世纪初的法式教堂，气势宏伟，远远可见三个绿色大圆屋顶，散发着罗曼史建筑风情。教堂内肃穆典雅，乳白色主色调中，巨大的穹顶，高大的圆柱，细腻的雕刻，显示出宏大气势和浪漫风情。

★瓷房子　　距酒庄：约16千米

瓷房子是一座法式老洋楼，建于上个世纪20年代。整栋建筑是一座极尽奢华的“瓷美奇楼”，曾有多位近代名人居住于此，使这里更富传奇色彩。

★杨柳青　　距酒庄：约28千米

一座千年古镇，曾是南北漕运的集散地和繁华的商贸中心，被誉为北国小江南、沽上小扬州。穿梭于文昌阁、石家大院、安家大院等古建筑，可从中一窥曾经的历史风貌。了解运河文化则让人领略曾经的商贸风华。

山东酒庄旅游热点推荐

山东胶东半岛产区

君顶酒庄 乐享充实之旅

Chateau Junding

君顶酒庄是一个瞬间就可以把您带到人间仙境的地方。它位于人间仙境——蓬莱市，距离蓬莱阁7千米。酒庄三面环水，远处的山谷清新可见，是地地道道的海边湖岸上的葡园。一走进君顶酒庄，白色的城堡、绿茵茵的草地，一望无垠的葡萄园……让人感觉厚重、典雅、纯朴、自然，很有东方神韵。这一次，伴随着宁静致远的葡园风光，我们驾驶着路虎极光在这里，打高尔夫、骑马……每次君顶自驾之旅，都让人惊喜不断，这片纯净的土地有很多您所不知道的美。

大热点关键词

一座酒庄，会让您爱上一个人、一处风景、一种生活方式。并对它产生一种无限的遐想和前往的冲动。在酒庄与大自然几乎无缝对接，可以体会一种在城市中少有的释放感。这里严格按世界级酒庄规制标准建立而成，酒庄规模巨大。优美的湖光山色，连绵的葡萄园，浓郁的葡萄酒主题，这将是一次东方葡萄酒文化体验休闲之旅。

这里潜心酿造具有东方神韵的葡萄酒。不仅如此，人人都是酿酒师，DIY调配葡萄酒。8~10月是葡萄采摘季节，6000亩满园飘香，一年一度的葡萄采摘节于9月中旬拉开帷幕。把葡萄酿成美酒，芬芳与喜悦共享。

约三五个好友一起在丘陵高尔夫球场乐享挥杆。君顶有亚洲唯一以葡萄酒庄为主题的18洞国际锦标赛球场。依山傍水，森林郁簇，十余个人工湖及天然湿地点缀其中，倍添挑战趣味。在这里，享受蓬莱仙境的湛蓝天空和连绵起伏的丘陵。边品酒边打高尔夫，是一种怎样的感觉。

在君顶，策马扬鞭，尽情撒欢狂奔。盈盈绿水边，苍翠欲滴中，马儿在绿草中或闲憩或飞奔，这里芳草连天，树木葱郁，是马语者的天堂。带着孩子一同出游，慢休闲，坐上皇家宫廷马车慢行在葡园，又是另一番享受。

这里有葡萄酒与美食山水海的宁静体验。享受禅 · 静。

越野游，让您越玩越野。越野车白天在湖中海岸仙境驰骋。晚上支上一顶帐篷体验SUV生活。这是一种人生态度。

酒庄地址：山东省蓬莱市南王山谷君顶大道1号

景区荣誉：国家4A级旅游景区，曾获魅力酒庄奖

酒庄门票：50元/人

预约电话：0535-5959869

www.nava.cn

交通温馨提示

线路1：开车自驾行。若从北京市出发，途经京沪高速、荣乌高速，进入蓬莱立交，再进入211省道，到酒庄约1千米。酒庄位于206国道与211省道交汇处往南3000米路东，近凤凰湖。

线路2：飞机飞抵烟台蓬莱国际机场。下飞机打车抵达酒庄约32千米，约32分钟。

线路3：坐高铁到烟台站或坐火车到烟台南站，打车抵达酒庄约68千米，约70分钟。

高德地图导航君顶酒庄

君临天下，顶级享受。"君顶"，蕴涵东方人生价值标准。君顶酒庄，绝非我们想象中只能看到葡园和酿酒厂的酒庄。它是"仙境蓬莱"不可不去的十个地方之一。酒庄占地面积13.7平方千米，聚集了蓬莱海岸的灵气与精华。君顶之于都市，仙境中的仙境。

在酒庄这么玩

露营之旅、越野之旅、背包之旅、禅修之旅、亲子之旅、写生之旅、蜜月之旅……在酒庄，任何一种旅游都无比充实。

葡萄园有国际优良酿酒品种，还有泰纳特、小芒森等国际稀缺品种40余种。它们在南王山谷表现卓越。酿的酒颇具个性。

在酒庄展示厅，可以了解酒庄如何用小型不锈钢罐和橡木桶两种不同特色的发酵工艺令酒庄酒更有个性和差异。

酿好的君顶葡萄酒还需一个静静陈酿的过程，君顶酒庄地下酒窖面积达8000平方米，深10米，温度常年稳定在15℃，陈酿于此的葡萄酒总体呈现口感温润、骨架清晰但单宁更平顺，酒体更丰满，木香与果香兼有的东方神韵。

JUNDING

君顶酒庄

乐享挥杆、策马、美酒、美食，
静憩山、海、湖中葡园酒店。

扫一扫二维码，酒庄微信公众号看更多精彩。

左一图：君顶酒庄城堡，西班牙风格，外墙的颜色洁白圣洁，厚重典雅。绝对是拍婚纱照的好地方。

右一图：君顶葡萄酒文化主题酒店集美酒、美食、休闲、娱乐为一体。室外还有游泳池、网球场。中西合璧风格的建筑，坐落于风景如画的凤凰湖畔。置身其中，可尽览绵延山水，万亩葡园，环境清幽。如果计划高端的商务会议，这里也是最佳选择之地。

右二图：盈盈绿水边，苍翠欲滴中，马儿在绿草中或闲憩或飞奔，这里芳草连天，树木葱郁，是马语者的天堂。到了酒庄，第一时间先预约好骑马的时间。在君顶骑马，阿拉伯温血马、欧洲良种马、设备一流的马房、先进的遛马机、标准的障碍场地和休闲骑乘场地一应俱全。选一匹特别有眼缘的马，孩子也可以参与，一起享受新鲜的空气，欣赏秀美的风景，就如同置身于世外桃源。马儿英俊帅气，教练非常耐心，即使是第一次骑马，也无需担心自己的技术问题。

右三图：对于高尔夫球友来说，喜欢在不同的球场，体验不同风格带来的不同体验。君顶的丘陵高尔夫球场值得一试。这里的高尔夫球价格十分亲民，并且打高尔夫球配君顶葡萄酒，还是个减肥的好机会。

右四图：您也可以拥有自己的私人葡园。在君顶，不仅仅可以品美酒，观美景，还可以享庄主生活，构社交圈层，赢投资回报。

君顶酒庄美酒配美食，微醺酣畅

君顶东方系列曾获2008年VINALIES金奖、银奖。2017年君顶东方干红葡萄酒（2014年份）和君顶东方干白葡萄酒（2015年份）再次双双喜获《吉伯特与盖拉德葡萄酒指南》(Gilbert & Gaillard)法国国际葡萄酒专业权威赛事金奖。君顶小芒森甜白曾获第六届亚洲葡萄酒质量大赛金奖，2017年再喜获亚洲葡萄酒大赛最高荣誉Grand Gold大金奖。

酒庄里不容错过的酒

君顶东方干红

葡萄品种：赤霞珠、美乐

酒精度：13.2%vol

酒呈深宝石红。以黑樱桃为主的黑色浆果香气中，伴以少许的黑胡椒和香草气息。酒体柔和圆润，细致优雅的单宁尽显平衡之美。

君顶天悦干红

葡萄品种：赤霞珠80%、西拉15%、美乐5%

酒精度：13.2%vol

酒呈宝石红色。带有典型黑醋栗香气，萦绕着雪松子和烤坚果香气。入口酒体丰满圆润，口感紧致，单宁结构良好。君顶的海珍品和小海味的烹制堪称一绝。小海味与君顶的干白永远是最佳搭档。

意犹未尽还想带走的酒

凤凰湖T50干红

葡萄品种：赤霞珠

酒精度：13.0%vol

酒呈明快的石榴红色，成熟的红色水果气息，呈现丝绒般的柔滑和细腻。

庄园私房菜

君顶的西餐秀色可餐。芝士龙虾配碳烤羊排、菠萝烤大明虾、香草冰淇淋等菜品有如美食艺术。而禾悦轩中餐厅以山东鲁菜为主。巧于用料，注重调味。

酒庄周边特色景点，计划不一样的线路游

★欧乐堡 距酒庄：约 12 千米

号称烟台的“迪士尼”。七个主题区玩起来很过瘾。亚洲唯一的蓝火过山车“蓝火之战”最高时速可达 100 千米/时；5D 球幕飞行影院，真有如凌空飞行，一览众山小。

★三仙山 距酒庄：约 13.5 千米

据《史记》等记载，东海之上有三座仙山，名曰“蓬莱、方丈、瀛洲”，山上有仙人。它位于蓬莱市北端的黄海之滨，西与八仙过海景区、三仙山温泉相毗邻，北与长山列岛隔海相望，风光秀美，古色古香。

★蓬莱阁 距酒庄：约 15 千米

国家 5A 级旅游景区，著名历史文化古迹。蓬莱阁是中国古代四大名楼之一。素以“人间仙境”著称于世，以“八仙过海”传说和“海市蜃楼”奇观享誉世界。

★蓬莱海洋极地世界 距酒庄：约 18 千米

海洋极地世界包括 200 种左右的海洋生物，令人叫绝。这里有亚洲最大的热带雨林馆。通过蓬莱海洋极地世界的时光隧道到达极地馆。在这里，白色的冰雪世界里，极地众多的海洋生物自由自在地生活。

山东胶东半岛产区

蓬莱国宾酒庄 穿越盛唐品美酒

Chateau State Guest

翠微轩榭落尽繁华，霓裳羽衣沉睡月梦，将盛唐化作一杯美酒，酿成玫瑰色的故事。国宾酒庄，为这故事而生，为这盛世而兴，沐浴大唐文明华彩，穿越那段诉说千年的梦想。唐太宗李世民与仙境葡萄美酒，曾在这里结下了千年之缘。国宾酒庄将那美妙的传说浇筑在独具匠心的建筑之间，化为具象。飞扬的檐角，精巧的雕花，奇特的假山，富有诗意的小桥流水，似乎都已守候千年，等待后人寻访。酒窖里一瓶瓶珍藏的美酒，身着盛唐华服，安静地沉睡着，憧憬开启之日的甘美与酣畅。

大热点关键词

国宾酒庄是世界上第一座中式唐风酒庄。"中国梦·盛唐风"，它在中国乃至世界酒庄中独树一帜。

观赏国宾酒庄主题会所。4万平方米的仿唐古典建筑气势宏伟，矗立在湖水间，尽显古典建筑的华美，六座飞檐翘角的唐式楼阁错落有致，飞阁流丹，回廊曲折，意韵典雅；山石湖水旖旎多姿，白墙、红柱、灰瓦、蓝天、碧湖，斑斓而和谐，散发着浑厚的盛唐遗风。穿梭在迂回曲折的游廊里，远看3000平方米的湖面在晴空下闪着粼粼波光，近看水中，一群群觅食嬉戏的锦鲤，红白相间，生动有趣，给古朴的建筑增添了意趣，令人忘却世间的烦嚣，难得一份悠然自在。这里配备一流的管理团队，专业的酒店服务，先进的硬件设施。设有游客服务中心、商务中心、多功能会议室，可满足300人同时就餐和会议，接纳100人住宿。

游览盛唐美酒酿制研究中心。伴随着盛唐遗风，走进酒窖，走向研究中心，在那里邂逅美酒的芬芳，享受一份相遇相知。走进中心，便走进了民族葡萄酒文化的深处，观看酿酒全过程，在中华传统中寻找葡萄酒的印迹。在5000平方米地下酒窖储存着烟台蓬莱产区海岸风格特点的高档葡萄酒，在中国国际葡萄酒烈酒品评赛、中国优质葡萄酒挑战赛、中国葡萄酒大师邀请赛等专业赛事上共获得36项大奖。**来盛唐美酒节狂欢。**每年9月28日~10月下旬有成千上万的游客慕名而来，盛唐美酒节成了酒庄旅游的重头戏。

酒庄地址：山东省蓬莱市国宾路1号

景区荣誉：国家AAA级旅游景区；山东省十大名庄·省级葡萄酒庄园；烟台市休闲农业与乡村旅游五星级企业（园区）

酒庄门票：60元/人

预约电话：0535-2706988

盛唐葡萄酒热线：

400-112-9799

www.stateguest.com

交通温馨提示

线路1：开车自驾行。开车沿206国道蓬莱段前行，酒庄紧邻蓬莱汽车站和蓬莱体育中心。

线路2：飞机飞抵烟台蓬莱国际机场。下飞机打车抵达酒庄约39千米，约40分钟。

线路3：坐高铁到烟台站，抵达酒庄约76千米，约75分钟。

线路4：坐长途到蓬莱汽车站。任何发往蓬莱的长途车均到此站。酒庄在车站以东约1千米。

百度地图导航蓬莱国宾酒庄

国宾酒庄建筑群包括亭、台、楼、阁、榭、桥、廊等十余座建筑，气魄宏伟。漫步酒庄，楼台错落、飞阁流丹，回廊曲折，意韵典雅；山石湖水旖旎多姿，白墙、红柱、灰瓦、蓝天、碧湖，斑斓而和谐，再加之粼粼波光中嬉戏的尾尾锦鲤，静中有动，令人忘却烦恼，身心悠然自在。

在酒庄这么玩

在迎宾区，盛唐御酒史铜雕记载了唐皇李世民东征高丽驻跸蓬莱遇驾沟一带，赐登州百姓葡萄与酿酒法的传说，还原盛唐葡萄酒的文化和唐皇山谷·国宾酒庄旅游景区的历史渊源。

穿过VIP储藏柜是国际葡萄酒展示区，展示区有来自世界七大葡萄海岸著名酒庄的介绍和出品的葡萄酒。

国宾酒庄，水系环绕，成群锦鲤，数不胜数。

地下橡木桶区设有双层珍藏盛唐葡萄酒橡木桶、瓶储柜、VIP储藏柜。

蓬莱国宾酒庄

唐风古韵中国梦，
金樽美酒盛唐风。

扫一扫二维码，酒庄微信公众号看更多精彩。

左一图：六座飞檐翘角的唐式楼阁错落有致，占地约4万平方米。穿过亭台楼榭，看飞檐翘角倒映在水中，感受传承千年的盛唐华彩，在主题会所享受格调高雅的品质生活。会所不仅有餐饮、住宿、娱乐，还有游客服务中心、商务中心、多功能会议室，可满足300人同时就餐和会议，接纳100人住宿。

右一图：会所的每个房间都是中式风格，环境典雅，配置齐全，服务周到，给每一个来到这里的人送上一股盛唐之风。

右二图：冬季的酒庄，走进2000亩葡萄园，虽然看不到葡萄藤，但是依旧很美，感受着大自然的亲切。如果有机会俯视酒庄，中式风格四合院，气势宏伟，十分壮观，不仅有一种凝聚力，一种和谐气氛，一种安全稳定感，更有一种归属亲切感。

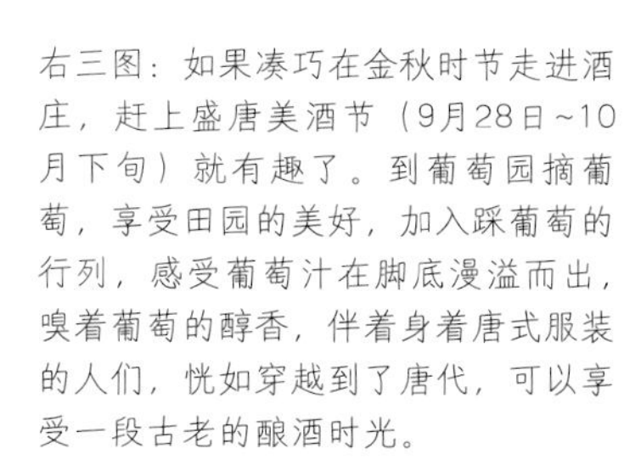

右三图：如果凑巧在金秋时节走进酒庄，赶上盛唐美酒节（9月28日~10月下旬）就有趣了。到葡萄园摘葡萄，享受田园的美好，加入踩葡萄的行列，感受葡萄汁在脚底漫溢而出，嗅着葡萄的醇香，伴着身着唐式服装的人们，恍如穿越到了唐代，可以享受一段古老的酿酒时光。

右四图：来，学着品葡萄酒。到葡萄酒文化培训区品酒，在唇齿留香中享受每一款酒，用最直接的味觉感受寻找一种契合，是优雅，是懂得。

蓬莱国宾酒庄美酒配美食，微醺酣畅

自2010年开始，酒庄推出了年号、河谷、艺术、选级、旅游等系列葡萄酒，沿袭了“芳香酷烈，味兼醍醐”的唐代遗风，融合西方葡萄酒的特色，创造出中西合璧的佳酿。

2017年，蓬莱国宾酒庄还荣获“中国酒业十年最具风格酒厂”殊荣。酒庄一年一度的盛唐美酒节尤为精彩，这里欢迎各界朋友来感受葡萄酒采摘和酿酒的乐趣，品鉴盛唐美酒，品尝盛唐美食。第七届盛唐美酒节，不同以往，酒庄还积极参与2017蓬莱·盛唐葡萄酒马拉松，专门定制了跑者专属酒——“PB酒”（Personal Best意为：马拉松个人最好成绩），作为本届赛事的“完赛奖牌”。这是中国第一款马拉松情怀葡萄酒，是马拉松与葡萄酒的一次美丽邂逅，是马拉松文化与葡萄酒文化的一次完美融合。跑马与快乐相伴，健康与盛唐相随。

酒庄里不容错过的酒

盛唐天宝干红葡萄酒

葡萄品种：西拉

酒精度：13.8%vol

曾获2012年中国国际葡萄酒·烈酒品评赛(VINALIES)金奖。西拉的起源充满神秘色彩，它有赤霞珠的厚重和黑比诺的雅致。它的色泽呈深浆果色，内敛而沉稳；浓郁的黑李子、黑莓香气，伴随着丝丝缕缕的皮革、香料的辛香；口感强劲丰饶，结构严谨，层次复杂，耐人寻味。世事复杂不是好事，但葡萄酒复杂却是好酒的特质。这款酒好像历经磨难而成为智者的王孙贵胄，没有了飞扬跋扈而变得沉稳，世事洞明而睿智，尊贵优雅是它与生俱来的特质。这是一款新世界和旧世界风格兼而有之的产品。

意犹未尽还想带走的酒

盛唐干红葡萄酒

葡萄品种：赤霞珠

酒精度：13.5%vol

曾获2011年中国国际葡萄酒·烈酒品评赛(VINALIES)银奖。2017年SIWC上海国际葡萄酒品评赛再获铜奖。酒呈红宝石色，沉稳而瑰丽；香气芬芳馥郁，宽阔舒展，酒香和陈酿橡木香和谐完美；口感饱满圆润，结构丰满；回味悠长。

盛唐干白葡萄酒

葡萄品种：长相思

酒精度：12.5%vol

曾获2012年中国国际葡萄酒·烈酒品评赛(VINALIES)银奖。酒呈淡禾秆黄色，西番莲、青椒、醋栗、番茄叶的香气清新馥郁，入口清爽，酸度活泼，唇齿留香。

庄园私房菜

酒庄餐饮以烹饪本地特色为主，同时经营西餐、川菜、粤菜等菜系。豪华包房、可容纳300人的多功能宴会厅，能够满足不同层次的客人需求，是您宴请宾朋、举行婚宴、洽谈商务的理想之选。品尝美食之余，专业的侍酒师会根据您的喜好和就餐选择，搭配以精心挑选的葡萄酒，将中华美食的精髓和西式生活的精致完美结合，勾动每一丝味蕾的灵敏触觉，为您带来无与伦比的味觉盛宴。

酒庄周边特色景点，计划不一样的线路游

★欧乐堡　　距酒庄：约 5 千米

这里既有家庭亲子娱乐的童话镇、魔幻城堡；还有挑战极限、冒险探秘的勇者挑战区和探险乐园；有荟萃世界美食、欢乐不打烊的欧洲风情街……欢乐无极限。

★三仙山　　距酒庄：约 5 千米

濒临黄海，海风习习，风景优美，有方壶胜境、蓬莱仙岛、瀛洲仙境等景观，是一个假日休闲的好去处。重 108 吨的世界第一大整玉卧佛、重 72 吨的整玉立观音、重 260 吨的十一面观音为镇园之宝，稀世珍品。

★蓬莱阁　　距酒庄：约 6 千米

畅饮仙境，享跑蓬莱。2017 年在蓬莱举办葡萄酒马拉松。马拉松路线重要一站就是中国四大名楼之一，素有“人间仙境”之称的蓬莱阁，品古城韵味，感受中国文化。

★蓬莱海洋极地世界　距酒庄：约 7.5 千米

坐落于蓬莱丹崖山下，与蓬莱阁毗邻。这里拥有亚洲最大的热带雨林馆，飞流直下的瀑布，高大茂密的丛林，凶猛的鳄鱼。这里有极地馆、鲨鱼馆、海豚海狮表演馆、海龟馆、海豹馆等，带您进入神奇的动物世界。

山东胶东半岛产区

龙湖威龙国际酒庄
邻水环山，摄影绝佳去处

Weilong International Big Wine Cellar

山东龙湖威龙国际酒庄位于龙湖湖畔，三面邻水，四面环山。走进酒庄扑面而来的是一股意大利风情。尖尖的红屋顶在蓝天下分外醒目，自然攀爬着藤蔓的乳白色原石墙体和方正的窗子相得益彰，瞬间让人感受到意大利托斯卡纳的乡村浪漫。沿着蜿蜒的乡间小路走进葡萄园深处，翠绿中偶然可见欧式风车。走到龙湖湖畔，大片水景景观尽在眼前。看四面青山逶迤，葡萄园中石头砌成的城堡在阳光下恍如一个童话世界。城堡的大酒窖里还储藏着风格独具的有机葡萄酒，芬芳诱人。

大热点关键词

葡萄钟爱的阳光、空气、沙砾，不可复制的巨湖小气候，这里堪称“中国秀美的葡萄庄园”。风景独好，意式建筑群，婚照拍摄的绝佳去处。走进酒庄石砌的楼群，意式乡村庭院用石条铺路，路旁翠绿的青草，墙上攀爬的藤蔓和阳台上极富风情的铁艺栏杆散发着恬淡的意式乡村风情。赶上一个风和日丽的日子，遇到身着礼服的新郎新娘在这里拍婚纱照，心里顿时升起一股欣喜，一切因他们显得分外美好。

龙湖葡萄庄园，尽显乡村风情。走进小楼，站在阳台上远望，约3万亩一望无际的葡萄园，让人忍不住奔下楼来，走向葡萄园深处。这里空气清新，弥漫着乡野气息，偶尔在葡萄架遮蔽的绿荫下小憩，大自然能给人最好的疗愈。也许这就是这片乡村风光的魅力所在吧。

意大利托斯卡纳风情酒窖。在建筑群不远处是一座庞大的哥特式建筑，这是威龙国际大酒窖。一座意大利托斯卡纳风情酒窖，如同一座乳白色的城池，气势磅礴。巨大的圆拱门下是木制的栗色大门，里面储藏着一排排橡木桶。

巨型橡木桶阵。大酒窖里堆叠在一起的橡木桶，密密麻麻，气势庞大。葡萄酒瓶储群也很壮观。在原木色的酒柜里，瓶装的葡萄酒如盛装的美女，散发着悠然的意蕴。

龙湖风景群。走到葡萄园的尽头，可见龙湖波光荡漾，湖畔凉风习习，眺望四面青山，山水相依之间，是乐山乐水的旖旎风光。

酒庄地址：山东省龙口市环城北路276号/龙口市威龙大道1号（以上是威龙厂区地址）

景区荣誉：农业产业化国家重点龙头企业、国际健康生活方式博览会金奖、帕耳国际有机葡萄酒大赛金奖

酒庄门票：待定，目前不对外

预约电话：400-160-3779

www.weilong.com

交通温馨提示

线路1：开车自驾行。百度导航“威龙葡萄酒公司”。若自青岛市出发，驾车途径青银高速、荣乌高速，到达威龙约250千米，约3个小时。

线路2：飞机飞抵蓬莱潮水机场后转客车到龙口汽车东站下车。距离威龙约3千米。

线路3：坐火车至烟台火车站，下车后转客车到龙口汽车东站。距离威龙约3千米。

线路4：坐长途客车到龙口汽车东站下。距离威龙约3千米。

百度地图导航威龙国际酒庄

（龙湖）威龙国际大酒窖：是世界唯一的三面邻水、四面环山的意大利托斯卡纳风情酒窖。托斯卡纳所代表的历经数百年漫长岁月磨砺与考验的完美生活，更是当代人们寻求悠然、浪漫、温暖情怀的最好居所的精神寄托。

在酒庄这么玩

威龙酒庄伴着龙湖水和四面的青山，彷如仙境。大酒窖和意式风情建筑坐落在葡萄园中，尖尖的红屋顶、高大的钟楼、石砌的灰白建筑、高大的风车……迷人的意式田园风光。

葡萄之路，眼前的翠绿让人欣喜，凑上去嗅一嗅，自然的芬芳，新鲜的妙味，烦恼抛之脑后，享受这种宁静。

到威龙国际大酒窖中转转，湿润凉爽的空气中散发着混合着木香的酒味，气势磅礴的巨型橡木桶阵和数量惊人的葡萄酒瓶储群，弥散着纯粹的乡野风情，让人沉醉其中，开始畅想葡萄酒的妙味。在这里，可以品鉴葡萄酒、体验葡萄酒文化，还有葡萄酒主题餐饮和个性化定制服务，不愧是葡萄酒消费者的私属红酒生活管家。

Lover

山东龙湖威龙国际酒庄

渤海湾畔，山峦环抱，浩瀚水域，
中国最秀丽的葡萄庄园。

扫一扫二维码，酒庄微信公众号看更多精彩。

左一、二图：这里处处是风景。托斯卡纳风格的小镇，既富有乡村气息，又是那么的优雅。奶白的象牙般的白垩石，红色的房顶，浓绿的森林、葡萄园，更有深色的红宝石光泽的、完全源于自然的威龙有机葡萄酒，各种颜色调和在一起，风光迷人，令人身心陶醉！

右一图：威龙摄影基地非常适合婚纱摄影、风光摄影、艺术摄影……如果您是摄影爱好者，来威龙酒庄一定心满意足。

右二图：骑电动车奔驰在葡萄园的小路上，偶尔看到一座木质的小屋和灰白色的风车，如同一个童话般的国度，和孩子在其中嬉戏，延续着童年的幻想，是一片纯净的天地，是一个童真的世界。

右三、四图：到品酒区品味葡萄酒的芬芳是酒庄另一个诱人之处。在一层品酒大厅，乳白色的酒柜在高大落地窗前极为华贵。上到二层大厅，抬头看裸露的栗色木制尖屋顶带着浓郁的乡村风情。威龙葡萄酒款款皆具奢华的自然风情，和品酒环境的风情相得益彰。

山东龙湖威龙国际酒庄美酒配美食，微醺酣畅

三十年前，威龙悄然诞生。三十年后的今天，威龙已然成长为名扬四海的行业骄龙——中国有机葡萄酒第一品牌。

"尽心尽力，做到更好！"威龙成为中国有机葡萄酒的倡导者。如今，威龙已成功建成全球最大的有机葡萄酒庄园。在中国酿酒葡萄的黄金种植带上，从东到西已经拥有三大葡萄基地——山东龙湖黄金海岸葡萄庄园、甘肃沙漠绿洲有机葡萄庄园、新疆冰川雪山葡萄庄园。我们所在的龙湖，就具备阳光、海岸、沙砾这三大酿酒葡萄种植的黄金要素，创造绝佳有机葡萄产地，造就有机葡萄生长天堂。不仅如此，生产工艺从细节做到完美。聘请国际大师团队，赋予美酒有机灵魂。威龙在国内最早进行有机酿酒葡萄生产与加工关键技术的研究、开发与示范，并且创立了中国第一所由政府牵头、校企合办的葡萄酒学院——甘肃威龙葡萄酒业专修学院。

酒庄里不容错过的酒

威龙国际酒庄有机葡萄酒大师级

葡萄品种：玛瑟兰

酒精度数：13%vol

获2017帕尔国际有机葡萄酒金奖。酒呈典雅深宝石红色，酒体醇厚丰满，各种滋味精致细腻，愉悦持久，回味无穷。

威龙有机葡萄酒玛瑟兰C18

葡萄品种：玛瑟兰

酒精度数：14.5%vol

获2017帕尔国际有机葡萄酒金奖。酒呈深宝石红色，具有高贵典雅的果香和纯正自然的酒香、橡木香，入口圆融流畅、层次丰富。

意犹未尽还想带走的酒

威龙有机葡萄酒解百纳

葡萄品种：解百纳

酒精度数：12%vol

曾获2017帕尔国际有机葡萄酒银奖。酒呈美丽的深宝石红色，酒色亮丽优美，优雅馥郁的香气非常迷人，酒体醇厚成熟，精致细腻，美妙无暇，令人陶醉。

威龙有机葡萄酒雷司令

葡萄品种：雷司令

酒精度数：12%vol

酒呈自然的禾秆黄色，色泽亮丽迷人，具有优雅的果香的酒香，酒体丰满圆润，舒爽流畅，精致细腻。

庄园私房菜

这里有两层餐饮大厅，可同时接待400人左右，是举办大型宴会的华丽之所。每一个包间也都很有意式风情。西餐的台塑牛排、香煎银鳕鱼搭配威龙美酒，相得益彰。中餐地道的山东特色菜秀色可餐，连压桌小吃和烤梨搭配威龙干白，都令人叫绝。

酒庄周边特色景点，计划不一样的线路游

★龙湖　　距酒庄：约 1 千米

山东龙湖威龙国际酒庄三面环水，步行或骑电动车就可很快到达龙湖湖畔。而龙湖则四面环山，环龙湖游可以享受一片青山绿水的怡人风光，欣赏龙湖的每个角度的风景，都那么美！

★南山大佛　　距酒庄：约 14 千米

堪称世界第一大铜坐佛。佛像位于山顶，端坐于巨大的莲花座上，庄严巍峨。从山底拾级而上来到佛像下，会升起敬畏之情。周围还有南山禅寺、南山药师玉佛、南山华严世界，南山道院等景观，佛教文化底蕴深厚。

华东·百利酒庄
畅游崂山腹地的“世外桃源”

Huadong Parry Winery

“泰山虽云高，不如东海崂。”崂山，道教名山，位于黄海之滨，水秀云奇，山光海色，被誉为“海上第一仙山”。就在仙气蒸腾的崂山腹地九龙坡，坐落着中国第一座国际标准的欧式葡萄酒庄园——华东·百利酒庄。这里素有人间“世外桃源”之称，红瓦白墙的欧式城堡建筑群背倚风景秀美的崂山山脉，面临海滨游览圣地，俯瞰脚下葡园万顷碧波。酒庄内各式风格雕塑掩映其中，刻有历代文人墨客励志诗词的2000余米长的葡萄酒文化长廊蔓延在九龙坡上，形成一幅宛如欧洲古老酒庄的画卷。

大热点关键词

1982年，34岁的英国人百利先生（Michael Parry）来到中国寻找实现梦想之地，他跑遍了大江南北，最后选址在崂山腹地九龙坡，风土酷似法国波尔多。1985年他创建了中国第一座集葡萄种植、酿造、葡萄酒文化推广、旅游度假、观光等系列产业于一体的极品绿色酒庄——华东·百利酒庄。“华为精华，东为序首”，“华东”意即“酒中精华第一”。

酒庄历史悠久。为纪念华东莎当妮干白葡萄酒在法国波尔多世界葡萄酒博览会荣膺最高奖30周年，青岛华东葡萄酿酒有限公司于2017年8月建成华东百利酒庄博物馆。

“懂葡萄酒，品华东庄园。”葡萄山谷有品种园，栽培着150多种葡萄。这些葡萄或单一酿酒或混酿的葡萄酒屡获奖项。早在1987年，华东莎当妮干白就获法国波尔多VINEXPO银奖；同年，它再获中国轻工部轻工业优秀出口产品金质奖。如今，**订购酒庄整桶葡萄酒成了旅游新时尚。**这个特色项目成为财富阶层的新生活坐标，彰显其身份、地位和个性。**也可进行葡萄酒个性化定制。**您可以选择不同的葡萄品种、年份以及个性化包装，在酒标上印上自己喜欢的照片、标签等，来纪念或见证人生的重要时刻。

举办酒庄风情宴。酒庄内绿色葡萄藤纵横交错，各式风格雕塑掩映其中，在宛如天然氧吧、世外桃源的户外环境中用餐，别有风情。**这里是酒庄婚礼、婚纱摄影最佳去处。**酒庄步步亦景，蜜月酒庄游浪漫温馨，亦是美妙的微醺之旅。

酒庄地址：山东省青岛市崂山区沙子口街道南龙口，九水东路612号（滨海公路转九水东路，往东约1000米）

景区荣誉：国家AAAA级旅游景区、国家级工业旅游示范点、山东产区最美葡萄酒庄称号、中国葡萄酒金牌酒庄

酒庄门票：70元/人（仅参观）、100元/人（参观+品酒）

预约电话：0532-88817878

www.huadongwinery.com

交通温馨提示

线路1：开车自驾行。开车走青岛滨海公路或308国道至九水东路，然后进入S214，从S214到达酒庄行驶约870米。

线路2：飞机飞抵青岛流亭机场。下飞机打车抵达酒庄约24千米，约45分钟。

线路3：坐火车或长途车到青岛汽车总站、青岛火车站。打车抵达酒庄约约28千米，45分钟。

百度地图导航华东·百利酒庄

百利酒庄犹如一颗璀璨的明珠闪烁在风景名胜崂山腹地。酒庄内的葡萄园、葡萄品种园共栽培着150多种葡萄，每个品种前的石柱上都标有葡萄的品种和原产地。还引进了以莎当妮、蕙丝琳、赤霞珠、佳美和梅鹿辄等为代表的13种数万株欧洲名贵酿酒葡萄品种。

在酒庄这么玩

在华东会所前树立的雕像是华东·百利酒庄创始人迈克·百利先生。1982年他带着一个英国人的希望之梦来到中国寻找可以酿制世界上等葡萄酒的地方，历经3年最终梦想成真。

相传九龙潭放生池由仙酒汇流而成，曾是九龙戏水之地。庄主数年前在此放生数千尾鱼和数只小乌龟，因而得名。

这座鹰雕是酒庄“鹰冠庄园”的象征。华东·百利酒庄是中国第一家按欧式酒庄模式建造的酿酒企业，堪称“中国的鹰冠庄园”。鹰雕面朝南方，俯瞰酒庄，寓意雄鹰展翅、大展鸿图。

山坡上还有一座漂亮的雕塑，名为葡萄仙子。在古代，葡萄树素有果树中的美女之称。在很早以前葡萄酒是用少女的脚踩出来的，所以她代表了葡萄树和葡萄酒。每年到了八九月份葡萄成熟的季节，也是华东人最兴奋的时刻，华东人会像葡萄仙子一样手托一筐筐成熟的葡萄，传递着丰收时的喜悦。

左

华东骄傲

左二图

更多人选华东

左

华东金奖

左

时光之旅
HUADONG
華東·百利酒莊
CHATEAU HUADONG-PARRY
Since 1985

左四图

1985
零产量
1987
华东莎当妮干白葡萄酒
波尔多国际评酒会荣膺金奖
1989
1991
1992
1995
1998
1999
2000
2005
2008
2009

青岛华东·百利酒庄

中国第一座欧式酒庄探秘之旅，
干白典范，为您而生！

扫一扫二维码，酒庄微信公众号看更多精彩。

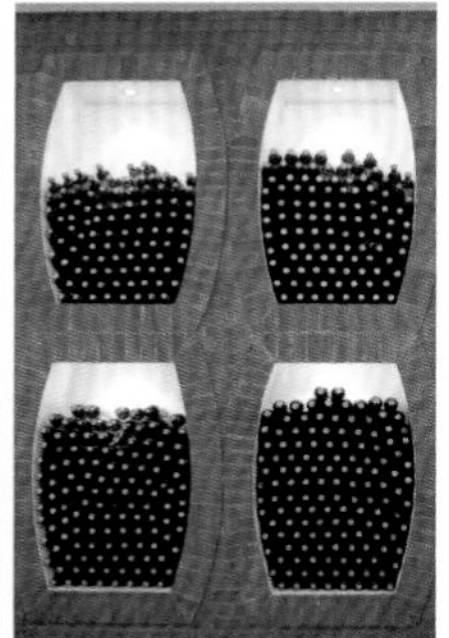

左一图：华东百利会所与九龙潭。

左二至六图：照片都是在华东百利酒庄博物馆内拍摄的。它是以传播中外葡萄酒历史、文化，突出干白葡萄酒特色的"时光隧道"博物馆，从历史沿革、葡萄种植、葡萄酒生产、储存以及葡萄酒文化等方面进行展现，推广葡萄酒文化，普及葡萄酒知识，引领健康时尚、有品味的生活方式。

右一图：在会所，钢琴吧、雪茄吧、红酒屋、茶室、休息室、健身房、视听室、休闲吧简直是贵族式体验；多功能宴会厅、欧式餐饮单间、中式餐饮单间、西餐厅等，融入了中西方地域文化和葡萄酒品牌文化；四层的空中花园，小桥流水、园林绿化、背景音乐。在这样的环境中烧烤，怡情怡景，田园风情浪漫优雅。

右二、三、四图：走进华东音乐大酒窖，微黄光线下闻闻古朴橡木桶散发的醇香已陶醉，再静心听声，悠扬的轻音乐飘荡其间。酒窖弧形的设计采用古时酒窖"窑"的一种风格。酒窖内两个巨大的橡木桶王已有近百年的历史了，是当时德国人在青岛建造青岛葡萄酒厂时所遗留下来的。往里走，华东大酒窖珍藏厅储酒壁，酒有序横卧，橡木桶形龛很有特色。

右五、六图：酒庄的葡萄酒文化长廊。这座长廊于1992年依山势而建，它长约2000米，蜿蜒在九龙坡上，将酒庄环抱其中。廊柱刻有历代文人墨客励志诗词及当代著名书法家留下的墨宝，其中"华东酒庄""九龙坡""紫气东来"等碑刻分别是当代著名书画家启功先生、国画大师崔子范、海尔总裁张瑞敏所题。美丽的"鹰冠庄园"携同底蕴浓厚的庄园文化，中西合璧，赋予了酒庄新的内涵与生机。

华东·百利酒庄美酒配美食，微醺酣畅

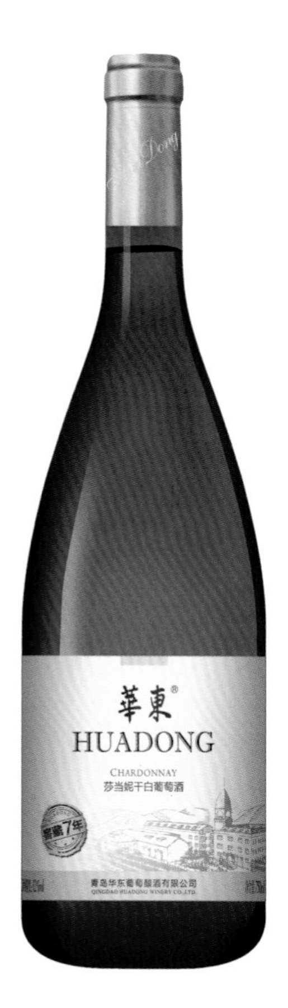

酒庄里不容错过的酒

华东·百利酒庄百利珍藏莎当妮干白

葡萄品种：莎当妮

酒精度：12%vol

凝重优雅，雍容华贵。观其色，淡青鹅黄，澄澈晶透；闻其香，成熟果实香，沁人心脾；品其味则有似奶油般和谐绵长的感觉，是中国干白葡萄酒的典型代表。

华东·百利酒庄百利珍藏赤霞珠干红

葡萄品种：赤霞珠

酒精度：12.5%vol

酒呈亮丽的深宝石红色，果香优雅怡人，酒质馥郁而细致，入口醇厚而顺滑，品后如丝绒般柔和，口感平衡而圆润。柔中带劲，深度极佳，是值得珍藏之佳酿。

意犹未尽还想带走的酒

华东·百利酒庄酒精选欧洲名贵酿酒葡萄为原料，严格按照OIV标准，采用先进工艺技术控温发酵。这两款酒装瓶前经法国橡木桶陈酿18个月以上。

华东特级窖藏七年莎当妮干白葡萄酒

葡萄品种：莎当妮

酒精度：12%vol

酒明亮清澈，呈深禾秆黄色，果香浓郁，入口圆滑甘醇，有丝绸般纤柔感，回味悠长，实为中国干白葡萄酒之珍品。

华东特级窖藏七年赤霞珠干红葡萄酒

葡萄品种：赤霞珠

酒精度：12.5%vol

酒呈亮丽的宝石红色，酒香醇和、馥郁，酒体丰满，架构均衡，实为中国干红葡萄酒之珍品。

庄园私房菜

在浪漫的婚礼季里，酒庄给您的不仅仅是惊喜。景美、酒美、餐美，还有乐队现场弹奏。阳光草地之中与亲朋好友共同投入大自然的怀抱，成为新郎新娘一生最美的回忆。

酒庄周边特色景点，计划不一样的线路游

★凤凤生态美食苑　　距酒庄：约 6 千米

它是一处远离都市繁华的世外桃源。园林式的特色建筑，绿色生态的健康美食，是度假休闲、休憩身心的理想之地。周边交通便利，多条公交可达，为您的婚宴保证了便利的出行选择。是朋友聚会，家庭聚餐，举行婚宴、寿宴的好去处。

★青岛世园会　　距酒庄：约 7 千米

园区“两轴十二园”，两轴分别为南北向的“鲜花大道轴”（花轴）和东西向的“林荫大道轴”（树轴）；“十二园”为主题区的中华园、花艺园、草纲园、童梦园、科学园、绿业园、国际园七个片区加上体验区的茶香园、农艺园、花卉园、百花园、山地园五个片区。同时，将园区内两个水库分别命名为天水、地池，寓意沟通天地互动、萌生园艺精华。

★崂山北九水　　距酒庄：约 19 千米

北九水是崂山风景区的一条旅游主线。一水至九水是从水的下游上数的。最惊险的地方在靛缸湾下里许的石门峡，亦名鱼鳞口，俗称衙门。两岩对峙，中断成门，岩高数十丈，门宽仅 3 米，水自门中出，人从洞底过，仰视巨岩悬空，摇摇欲坠，惊险万状。

★崂山太清宫　　距酒庄：约 22 千米

位于崂山风景区的东南部。景区以崂山主要道教庙宇太清宫命名。道教胜地有古树名木、名人刻石、天然海石、飞瀑流泉、江南植物及风格独特的宋代寺庙建筑艺术。

山东胶东半岛产区

大森庄园
无拘无束的乡村之旅

Chateau Dasen

大森庄园位于久负盛名、誉满中外的由农业部命名的“中国葡萄之乡”青岛平度大泽山南麓。这里四季分明，风景秀丽，气候怡人。在酒庄旅行，是一种“舒服”的感觉。这里是一个朴实的地方，没有奢华的设施，只有葡萄园汪洋如海，大酒窖飘着酒香，一如山东人的朴实厚道。置身酒庄6000亩葡萄园，看远处苍山岩石突兀，与这一片绿意形成鲜明对比。再在葡萄架下享受休闲时光，看果实累累，品尝最新鲜的果味。这是大自然赐予人们最好的礼物。

大热点关键词

大森庄园在美丽的海滨城市青岛的卫星城区平度市。东临莱西，西接潍坊，北靠莱州，南与胶州、即墨接壤。

6000亩葡萄园如同绿色的海洋。这里是葡萄的世界，多个欧洲名高贵葡萄品种，像玫瑰香、赤霞珠、梅鹿辄、雷司令等，让人对葡萄家族大饱眼福。每年的5~11月，漫步葡萄园中，凉风习习，怡人的气候与翠润的绿意相得益彰，置身其中如同置身氧吧，神清气爽。葡萄园中有亭台小榭，找一处静静小憩。大山深处的葡萄园如隐逸的世外桃源，远离喧嚣，倒是有知了在叫，青蛙在跳。大自然拥有最美好的景致，生动活泼，充满灵气，何须雕梁画栋去修饰？

酒庄拥有1200平方米的大酒窖，犹如养在深闺的大家闺秀。酒窖中不乏陈年佳酿，适宜的温度和湿度是葡萄酒沉睡的温床。在这里，一款款经过发酵而成的葡萄酒在经历着历久弥新的沉淀，如同一场修炼。大橡木桶整齐堆叠，空气中弥漫着混合着木香的酒香。来到酒窖，开启一场嗅觉之旅，对于善于品酒的人们而言，这实在是最妙的享受。

参加凸显民风的葡萄节。大泽山每年都举办葡萄节，在葡萄成熟的季节来到这里，大家伙儿一块儿采摘葡萄是无拘无束的享受。听着朴实的山东口音，享受最自然的妙味，可以感受这一方水土的本色。不仅如此，酒庄组织的书画作品欣赏、葡萄酒文化展、个性化葡萄酒定制亦让人收获颇丰。

酒庄地址：山东省青岛市平度市开发区世纪大道301号

景区荣誉：中国食品工业协会营养指导工作委员会副会长单位

酒庄门票：免费

预约电话：0532-88391888

www.dasen777.com

交通温馨提示

线路1：开车自驾行。高德导航“青岛大森酒业有限公司”。若自青岛市出发，驾车途径青银高速、青新高速，到酒庄约105千米，约90分钟。

线路2：飞机飞抵青岛流亭机场。依导航，打车途径青新高速，抵达酒庄约81千米，约1小时。

线路3：坐高铁直达莱西北站，依导航，打车途径S393、荣兰线，抵达酒庄约57千米，约75分钟。

高德地图导航大森庄园

整个大泽山地区受海洋气候的调节，大泽山脉东北走向，形成了一道天然屏障挡住了冬季北方寒流，使葡萄园有极为优良的小气候，冬无严寒，夏无酷暑，全年气候宜人。

在酒庄这么玩

走进大森庄园，有美酒，有美景，更有爱。2017年6月，大森慈善基金会成立，关爱留守儿童、空巢老人，援建希望小学。

大森人坚信“没有好的葡萄，就酿不出好酒”。他们经常到葡萄园观察葡萄的长势，将抽样的葡萄带回实验室检测各项指标。

这里是青岛大学葡萄酒专业大学生实习基地。葡萄酒爱好者来这里，是学习酿酒的好地方。

酒窖里的橡木桶上有很多知名人士的签名。走进酒窖，不仅闻到迷人的橡木香，还能看到中国传统文化的精髓——“和为贵”。

大森莊園

大森庄园

大森的理念是诚信立本、质量取胜。

扫一扫二维码，酒庄微信公众号看更多精彩。

左一图：大森庄园的院子里有一个巨大的橡木桶，被绿树和葡萄藤环抱其中。橡木桶看起来颇有年头，桶上“大森庄园”四个大字分外醒目。走过这里，令人印象深刻。来大森旅游，葡萄园和周边随处是田园风光，充满野趣。大人在这里如同孩子，孩子在这里能找到最大的乐趣。葡萄成熟的时候可以随手摘来放在口中，是无拘无束的恣肆和放松。

左二图：大森的酒窖宽敞明亮。橡木桶立体摆放，整齐有序，令酒窖的空间既没有局促的感觉，也没有空荡荡的感觉。

右一图：大森庄园窖藏十年赤霞珠干红的外观简直让人眼前一亮。3L葡萄酒装在橡木桶中，置于马车之上，骏马牵引，神骏威武。待到值得庆祝的时刻，几十人一起品鉴，一定气氛热烈，热闹非凡。

右二图：酒庄占地面积6万多平方米。年产葡萄酒能力1万吨，贮存能力达1.5万吨。来酒庄参观，有导游带领，参观酿酒的每一个环节。

右三图：大森的酒窖曾有很多名人光顾。其中有中国曲艺家协会主席、著名相声表演艺术家姜昆老师。他对大森葡萄酒的口感及品质大加赞赏，即兴书写书法作品。

右四图：酒庄餐厅可以容纳几十人聚会。地道的山东菜上桌，配上大森美酒，豪迈千杯，畅快尽兴。

大森庄园美酒配美食，微醺酣畅

大森庄园，曾获中国驰名商标、中华文化名酒、中国诚信明星企业、中国百家诚信示范单位等称号。大森葡萄酒亦被评为中国酒业最具竞争力的创新产品。

酒庄里不容错过的酒

大森庄园八九赤霞珠干红

葡萄品种：赤霞珠

酒精度：12%vol

严格选用大泽山葡萄产区1989年收获的优质法国葡萄酒品种——赤霞珠，采用先进的工艺技术，控温发酵而酿成。本品呈宝石红色，澄清透明，具有幽雅、芬芳的果香和谐调、醇厚的酒香，乃葡萄酒中的珍品。公司共计生产6000瓶，具有一定的收藏价值。

大森庄园2005限量赤霞珠干红

葡萄品种：赤霞珠

酒精度：13.5%vol

酒呈宝石红色，澄清透明，具有幽雅、芬芳的果香和谐调、醇厚的果香，饮后适口，余味足。

大森庄园手选级西拉干红

葡萄品种：西拉

酒精度：13.5%vol

酒呈深宝石红色，果香浓郁，口感醇厚，尽显陈年本色。法国橡木桶储存多年，堪称葡萄酒中的珍品。

大森庄园2009梅洛干红

葡萄品种：梅洛

酒精度：13.5%vol

酒汁呈樱桃红色，澄澈亮丽，十分迷人，散发着芬芳的果香和酒香，混合着木香，略带樱桃果香，单宁结构平衡丰满，入口甘爽怡人，极具馨香浪漫风情，是一款带有青春气息的高端酒。

意犹未尽还想带走的酒

大森庄园陈年珍品赤霞珠干红

葡萄品种：赤霞珠

酒精度：13.5%vol

酒汁呈深宝石红色，色泽澄澈，浪漫典雅，散发着馥郁的果香和酒香，混合着木香，芳香诱人，酒体结构平衡饱满，入口甘醇，耐人寻味，散发着成熟的魅力。

除此以外，大森庄园还有很多酒款，如大森庄园8年陈酿莎当妮干白、大森庄园金版莎当妮干白、大森庄园薏丝琳高级干白、大森庄园贵人香半甜白葡萄酒、大森庄园卡本妮干红、大森庄园佳美干红、大森庄园黑皮诺干红、大森庄园十年窖藏蛇龙珠干红、大森庄园2008西拉干红、大森庄园冰白葡萄酒……

庄园私房菜

酒庄餐饮服务以地方特色菜为主。鲁菜的浓郁酱香，用水库鱼、山养土鸡、山鸡蛋、山蘑菇、野菜这些新鲜地道的食材，烹饪出糖醋鲤鱼、茄香鲶鱼、红烧土鸡、香辣蛤蜊、孜然鱿鱼丝等大菜。鲜香的食材，经家常烹制手法便是上好味道，加盘野菜，就是山东青岛的乡土特色。配上相宜的葡萄酒，酒香菜香在田园中飘荡，在乡村风光中享受乡村美味，恰到好处。

酒庄周边特色景点，计划不一样的线路游

★桃花涧景区　　距酒庄：约 24 千米

桃花涧是一个簸箕形的巨大涧谷。这里山石突兀清奇，点缀着葱茏树木，流水潺潺。谷中遍布碎石砌成的梯田，散落着红屋顶的农舍，一派田园风光。颇有世外桃源的逸致。

★茶山大院　　距酒庄：约 27 千米

位于青岛平度茶山风景区内。这里群山环抱，树木葱茏，山中或峭壁陡立，或山石奇特。茶山大院就位于其中，家家有院，户户见山，是一个休闲放松的好地方。

★云山观景区　　距酒庄：约 29 千米

云山是齐鲁名山，道教圣地。这里山清水秀，遍布古迹，山与水交融，林木中掩映着人文景观，清新怡然，极具人文魅力。

★大泽山景区　　距酒庄：约 44 千米

省级风景名胜区。海拔 700 多米，山中层峦叠嶂，山石清奇，遍布奇峰异石。山间分布着诸多历史人文古迹，文化底蕴深厚。景区共分为皇城、西坡、大姑顶、桃花涧、天柱山、御驾山及森林公园等游览区，其中不乏智藏寺、日照庵等佛教历史遗迹。

陕西渭北旱塬产区

张裕瑞那城堡酒庄
古都与酒庄交相辉映

Chateau Changyu Rena

“葡萄馆里花正开”，唐代大诗人崔灏的一首《渭城少年行》流传千载，将游览渭城葡萄园的意气风发描绘得淋漓尽致。千年之后，隶属于咸阳市的渭城悄然矗立起一座规模庞大的葡萄酒庄园城堡——陕西张裕瑞那城堡酒庄。“瑞那”取自在意大利拥有500年历史的酿酒世家瑞那家族。酒庄气势宏伟，意大利托斯卡纳风格的城堡近5万平方米。在城堡内亲历大型酒窖历险记，穿越时空，张裕百年历史一幕幕活脱脱跃入眼帘。就在这里，秦汉热土与意大利王室共同交汇，重现千年前的荣耀与辉煌。

大热点关键词

在陕西，张裕瑞那城堡酒庄是唯一一座规模庞大的酒庄城堡。酒庄创造了两项亚洲第一：亚洲第一家温泉葡萄酒庄和亚洲第一家葡萄酒SPA会所。这里有大气雄伟的规划，奶白的象牙般的白垩石、红色陶土屋瓦、明黄色的墙面涂层、广袤的葡萄园、跳跃的喷泉、精致的壁饰、亮黑色的铁艺和闪烁着红宝石光泽的瑞那干红，各种颜色调和在一起，构成了一幅温馨、悠闲、典雅、浪漫的田园风光。精美的雕塑以及温暖的色调，营造出迷人的充满艺术气质的氛围，散发着着浓浓意大利托斯卡纳的味道。在这里感受景的震撼，感受陕西这片土地酒的醇香，再深入体验张裕百年历史的文化积淀和与之交相辉映的西安古城、咸阳古城。华清宫里，唐明皇与杨贵妃缠绵悱恻的爱情故事还在流传；震惊中外、改变中华命运的西安事变恍如隔世；而惊叹世人的“世界第八大奇迹”兵马俑也历经沧桑，这一切让人不禁肃然起敬。

这里玩得过瘾，其中一个震撼项目就是看4D巨幕电影。一场跌宕起伏的探宝爱情之旅，坐在有喷水、扫腿、吹风等特效的座椅上，我们仿佛成为电影中的角色。一起走访张裕的八大酒庄，美轮美奂的异域风情让人目不暇接，最终找寻到那株神奇的葡萄藤，酿造美妙的葡萄酒。还有，**高空玻璃参观平台、葡萄酒文化博物馆、15,800平方米地下大酒窖、黑暗骑乘大型酒窖历险记、梦幻大学等，让人目不暇接。**

酒庄地址：陕西省咸阳市渭城区渭城镇坡刘村向东100米

景区荣誉：国家AAAA级旅游景区；百年张裕，历史悠久，1892年爱国华侨张弼士投资白银三百万两创办张裕酿酒公司，开创了中国工业化生产葡萄酒的先河

酒庄门票：120元/人

预约电话：029-32086888

www.changyurena.com

交通温馨提示

线路1：开车自驾行。酒庄离西安市中心只有约15千米，途径西安绕城高速、福银高速，路上时间2小时足矣。

线路2：飞机飞抵西安咸阳国际机场。打车到达酒庄约13千米，约20分钟。

线路3：坐火车至咸阳火车站，打车到酒庄约20分钟，约11千米；或至西安火车站，打车到酒庄约11千米，约20分钟。

百度地图导航张裕瑞那城堡酒庄

酒庄大门十分宏伟，颇像西安保存至今的古老城墙。百年张裕的标志十分醒目，让人肃然起敬。门前广场宽阔无比，几百人一起合影，地方也绰绰有余。酒庄的爱神广场内矗立着“辉煌张裕”“爱之永恒”“葡萄美酒夜光杯”等雕塑。这里经常举办露天婚礼，是拍摄婚纱照的好去处。

在酒庄这么玩

这片土地上有得天独厚的葡萄种植条件。葡萄成熟的季节，葡萄园满目翠绿。近5万平方米的城堡更显恢宏气势。

爱神广场内经常举办露天婚礼，是拍婚纱照的好去处。

参观过生产罐装车间，没参观过这么惊心动魄的。您踩在玻璃平台上向下俯视，张裕瑞那的生产流水线尽收眼底。

品重醴泉厅，1912年孙中山先生沿水路北上与袁世凯谈判时来到了烟台，在品尝了张裕美酒后，亲笔题词“品重醴泉”。

法国 · 利木森
Limousin
代号: F(L)-MT
粗纹理 中度烘烤
产地：美国
代号: USA-HT
粗纹理 重度烘烤
产地：匈牙利
代号: EU-MT+
细纹理 中加烘烤
法国 · 特隆塞
Troncais
代号: F(T)-MT+
特细纹理 中加烘烤
产地：美国
代号: USA-MT
粗纹理 中度烘烤
法国 · 孚日山脉
Vosges
代号: F(V)-MT+
中纹理 中加烘烤
法国 · 阿列Allier
代号: F(A)-MT+
细纹理 中加烘烤
法国 · 利木森
Limousin
代号: F(L)-MT+
粗纹理 中加烘烤
法国 · 阿列Allier
代号: F(A)-LT
细纹理 轻度烘烤
法国 · 孚日山脉
Vosges
代号: F(V)-LT
中纹理 轻度烘烤
法国 · 利木森
Limousin
代号: F(L)-LT
粗纹理 轻度烘烤
法国 · 特隆塞
Troncais
代号: F(T)-MT
特细纹理 中度烘烤
法国 · 特隆塞
Troncais
代号: F(T)-LT
特细纹理 轻度烘烤
法国 · 阿列Allier
代号: F(A)-MT
细纹理 中度烘烤
法国 · 特隆塞
Troncais
代号: F(T)-HT
特细纹理 重度烘烤
法国 · 孚日山脉
Vosges
代号: F(V)-HT
中纹理 重度烘烤
产地：匈牙利
代号: EU-MT
细纹理 中度烘烤
产地：美国
代号: USA-MT+
粗纹理 中加烘烤
法国 · 利木森
Limousin
代号: F(L)-HT
粗纹理 重度烘烤
法国 · 孚日山脉
Vosges
代号: F(V)-MT
中纹理 中度烘烤
法国 · 阿列Allier
代号: F(A)-HT
粗纹理 重度烘烤

张裕瑞那城堡酒庄

从秦汉帝都到托斯卡纳古堡，
大唐御葡园上的葡萄酒庄园。

扫一扫二维码，酒庄微信公众号看更多精彩。

左一图：这里便是目前亚洲最大的地下酒窖。酒窖高12米，面积为1.58万平方米，可以储存15,000只橡木桶。

左二图：演绎“换桶酿酒”过程是酒庄的保留剧目，瑞那家族因此而闻名。换桶酿酒的秘密在于酿酒师的经验与感官判断，他们会根据葡萄原料及原酒特点决定橡木桶的搭配组合，通过品尝酒液呈现的状态，决定什么时间换桶……将陈酿中每一个细节做到极致。张裕瑞那城堡酒庄首席酿酒师瑞那家族继承人奥古斯都·瑞那先生曾说：“我们更像交响乐团的指挥家，根据每个年份谱出不同的乐谱，奏出和谐的乐章。”

右一图：这里既有趣又能学习葡萄酒知识。玩玩“挑剔的眼睛”“贪婪的鼻子”“快乐的舌头”，轻松了解葡萄酒颜色、香气、味道的品鉴乐趣。

右二图：在这里拍一张珍贵的照片留作纪念。“品重醴泉”是孙中山先生为张裕葡萄酿酒公司的题词，“品重醴泉”之意（“醴泉”者，乃甘美泉水）是赞美张裕葡萄酒品质好，甘甜如泉水。

右三图：乘坐无轨5D动感车，展开一段酒窖历险的旅程。您将在隧道中前行，完全身临其境地感受一部中国葡萄酒的发展史。

右四图：在梦幻剧场上一堂葡萄酒课收获颇多。品酒师穿着古装讲葡萄酒知识。讲解中还有剧情，真人表演和虚拟现实，生动有趣，大开眼界。

Chateau
CHANGYU RENA
张裕瑞那城堡酒庄
2013
陕西张裕瑞那城堡酒庄有限公司
CHATEAU CHANGYU RENA CO.,LTD SHANXI

CHATEAU
CHANGYU RENA
张裕瑞那城堡酒庄
陕西张裕瑞那城堡酒庄有限公司
CHATEAU CHANGYU RENA CO.,LTD SHAANXI

酒庄里不容错过的酒

张裕瑞那城堡酒庄干红葡萄酒

葡萄品种：赤霞珠、美乐

酒精度数：12.5%vol

它曾是2013、2015年两届欧亚经济论坛欢迎宴会指定葡萄酒；2016年G20陕西农业部长会议指定产品；2016年还荣获布鲁塞尔国际葡萄酒大赛银奖。它产自陕西渭北旱塬，世界新兴优质葡萄酒产区。它的首席酿酒师瑞那来自意大利酿酒世家，酿酒历史追溯至1525年。酿酒师采用独有的“换桶酿造”技术诞生了与众不同的口感。酒呈深宝石红色，澄清有光泽。闻之浓郁雅致，典型的黑加仑、李子等黑色浆果以及胡椒等香气，与香草、烘烤等橡木香融合和谐。入口滋味醇厚，口感平衡，协调，酒体丰满、典型性强。

庄园私房菜

中餐、西餐皆由顶级厨师精心烹饪。中餐的红焖土豆牛肉，香、鲜、嫩，而张裕瑞那干红的香气浓郁，果实味道持续。酒中浓郁黑加仑、李子的味道又增添了餐与酒更多的美感。而西餐，与托斯卡纳简约、和谐、新鲜的美食风格有异曲同工之妙。张裕瑞那干红中折射出的意大利风情与酒庄的西式大餐又是那么和谐。

酒庄周边特色景点，计划不一样的线路游

★王府井赛特奥莱·机场店

距酒庄：约 5 千米

王府井赛特奥莱·机场店位于中国的第七个国家级新区——西咸新区的核心位置，毗邻咸阳国际机场仅 5 分钟车程，距离咸阳市中心 15 分钟车程，西安市中心 50 分钟车程。走进机场店的大门，犹如走进了欧洲购物小镇。这里有国际名品折扣店、时尚百货、影院、特色餐饮、儿童游乐场、冰雪乐园等，带给您完美的购物体验，感受轻松与快乐！

★汉阳陵博物馆

距酒庄：约 15 千米

位于陕西省西安市北郊的渭河之滨，是全国重点文物保护单位。汉阳陵博物馆是一座建筑风格独特、装饰精美、陈列手段先进的现代化综合博物馆。其建筑采用下沉式结构，充分保护了陵园的整体环境风貌。考古陈列馆是一座建筑风格独特的综合展馆。馆内营造出两千年历史沧桑所造成的残垣断壁的景象。展室内陈列近多年来考古发掘出土的 1800 件文物精品。

山西酒庄旅游
热点推荐

山西产区

山西灥淼酒庄
享山水妙趣，品欧式风情

Chateau Xianmiao

太行山穿越沧桑，昂首挺立，哺育八百里胜地，衔五千年文明，自古享有“黄河如带，五岳俱朝”的尊崇地位。左权湖绕山婉转，水绕着山，山逐着水。鱻淼酒庄就坐落在太行山区左权湖湖畔，依偎着湖水。山坡上的葡萄园翠润如玉，是山水之间最好的点缀。哥特式城堡坐落其间，白色墙体与蓝色尖屋顶在翠润的青山中端庄秀雅。站在楼上远眺，山水相依，妙趣横生。这里好风土、好葡萄、好酒，犹如鱼水情深，难舍难分。这是“鱻淼”二字的由来，鱻淼酒庄——绝佳风土的“追随者”！

大热点关键词

山西种植葡萄的历史记载最早可追溯至唐朝，至元朝时期，山西太原被辟为官方葡园，酿造御用葡萄酒。其检验方法也很奇特，每年农历八月，将各地官酿的葡萄酒取样“至太行山辨其真伪。真者下水即流，伪者得水即冰冻矣”。鱻淼酒庄就位于北纬37度、太行山主峰西侧，清漳河上游左权湖畔，晋、冀、豫三省要冲，有“晋疆锁钥，山西屏障”之称。

这里欧式城堡尽显哥特式建筑风情。左权湖是最妙的天然背景，湖与山相依，呈现出一片秀丽风光。酒庄住宿接待大楼依山面水；就连酒庄酿造车间都是斑驳的砖墙，圆整的城堡。在周围碧草如茵的草地上，古朴的外观在青山上呈现出独特的魅力，葡萄就在这里幻化成葡萄酒。

左权湖畔的葡萄园，美景如画。葡萄依山临水，在蜿蜒的左权湖畔沿山坡次第生长。站在高处看，青山蜿蜒起伏，湖水静若处子，翠绿的葡萄园与山水一体，宛若仙境。

水上游乐项目，宜动宜静，身心放松。左权湖为前来观光的人们提供了极佳的水上活动场地。在湖边静静地垂钓可以享受一片风光，得到安闲的休养。乘船在湖上游荡，青山碧水之间，有江南风情、桂林之风。

不仅如此，还有山西民俗文化展演；篮球、羽毛球、乒乓球等运动项目；每年中秋节在酒庄举办环左权湖自行车大赛……休闲度假好去处。

酒庄地址：山西省晋中市左权县石匣乡石匣村

景区荣誉：生态庄园经济开发标兵工程、农业产业化市级重点龙头企业

酒庄门票：免费

预约电话：0354-3893169

www.xianmiaojiuzhuang.com

交通温馨提示

线路1：开车自驾行。开车途经二广高速、和汾高速，从左权收费站下高速进入S319省道，向西约4千米到达酒庄。

线路2：飞机飞抵太原武宿机场。打车途经二广高速、和汾高速，到达酒庄约142千米，约2小时。或从机场先到太原建南汽车站，有通往左权县城的大巴车，从早上7点至下午5点，每小时发一趟车，车票57元，行程大约3小时。

线路3：坐火车至太原火车站。再到太原建南汽车站，之后同线路2。

百度地图导航山西鱻淼酒庄

鑫森酒庄雄踞太行屋脊，此地山势险峻，东瞰河北平原，西窥三晋大地，据良田与险势，是晋、冀、豫三省要冲，有“晋疆锁钥，山西屏障”之称。这里地理环境与土壤条件得天独厚，气候环境亦不可多得。庄园内种植名贵酿酒、食用葡萄，长势喜人，是绝佳的酿酒葡萄产地典范。

在酒庄这么玩

酒庄酿造车间都是这么梦幻，无论您是不是品酒专家，这里都充满了葡萄香、酒香和优雅的贵族气息。

园林翠润如玉，林荫下小坐片刻，鸟儿叽喳，花香四溢，难得的自然享受。

当我们开启一瓶太行冰葡萄酒，品尝到的不仅是酒液迷人的味道，还可以品出鑫森酒庄对葡萄酒的追求。

冬季葡萄园美景依旧，大雪纷飞之时冰葡萄依然果挂枝头，亲自体验冰葡萄的采摘过程，妙趣横生。

山西鑫淼酒庄

“待到严寒成佳酿，
一片冰醇出太行。”

扫一扫二维码，酒庄微信公众号看更多精彩。

左一、二图：这里既可以感受到充满诗意优雅的贵族气息，更能感受到淳朴无华的民风。

右一图：左权湖畔享受垂钓之乐。抛下鱼竿，静静等待鱼儿上钩，伴着湖光山色，是多么美妙的时光啊。

右二图：在酒庄有一种家的感觉。酿造车间门前大家共同举杯，欢聚一堂。线下体验店或者酒庄品鉴大厅会不定期举办葡萄酒品鉴会、葡萄酒培训班，给爱好者们一个以酒会友，相互交流学习的平台。

右三图：环湖骑行享受野趣。蜿蜒的山路沿着湖畔伸展，路旁芳草萋萋，野花烂漫，大自然处处有风景。骑上自行车，沿着小道独自骑行或和朋友你追我赶，弥漫出青春的气息，这是城市中无法寻觅的山间野趣。

右四图：山西的民俗文化，有几千年的传承。左权县是中国的“歌舞之乡”，素有“民歌的海洋”“小花戏之乡”美称，曾被命名为“山西省民间艺术之乡”和“中国民间艺术之乡”。左权民歌在宋元时期已被广泛传唱，家家弦诵。它自成体系，大腔、小调、杂曲三大类交相辉映，曲调清丽优美、风格委婉温柔，意境新颖，诗味浓郁。“小花戏”原为“辽州社火”中的“文社火”民间歌舞，轻盈活泼，因它产生于左权县，在抗日战争期间被正式定名为“左权小花戏”。

鱻淼酒庄美酒配美食，微醺酣畅

2013年，鱻淼酒庄开始研发酿造冰酒。由于独特的地理环境限制，世界上唯有加拿大和中国、德国和奥地利四个国家才能生产冰酒。优质的冰葡萄酒生产过程复杂，受地域环境的影响很大。而鱻淼酒庄位于左权湖畔，地处北纬37°，东经113°，是酿酒葡萄“威代尔”种植的“黄金地带”。酒庄依山傍水，气候温和湿润，光照时间长，昼夜温差大，酒庄小气候非常适宜酿酒葡萄的生长。历经数年，鱻淼人耕土耕心，酿酒酿人，终于酿造出区别于加拿大、德国等传统冰酒产区风格的“太行冰酒”。鱻淼太行谷系列冰葡萄酒和鱻淼太行冰系列冰葡萄酒皆选用优良冰葡萄品种威代尔为原料，在−8℃的自然条件下结冰、采摘、压榨，经低温控温发酵酿造而成。

鱻淼酒庄“太行冰酒”在2015年首届中国·香格里拉国际冰酒节获银奖。2015年获晋中十佳特色饮品。2016年，太行冰谷威代尔冰白葡萄酒（金谷）再获2016中国葡萄酒挑战赛质量金奖。

酒庄里不容错过的酒

太行冰冰酒、太行谷冰酒

葡萄品种：威代尔

酒精度：12.5%

色泽呈金黄色，有浓郁的杏果、菠萝、蜂蜜及热带水果的复合香气，清香协调，相得益彰，醇厚甜美，口味甜润，细腻雅致，酒体丰满肥硕，酸度平衡，甘洌爽口，余香持久。

意犹未尽还想带走的酒

鑫淼生态庄园干红葡萄酒

葡萄品种：赤霞珠

酒精度：12.5%

宝石红色，澄澈透明，瑰丽端庄，散发着葡萄的醇香，混合着木香和草香。入口甘醇爽润，令人想起左权湖青山绿水，酒体结构平衡，富有怡人的自然意趣。

鑫淼年年有余干红葡萄酒

葡萄品种：赤霞珠

酒精度数：12.5%

酒呈深宝石红色，散发着浓郁的成熟果香，混合着经过储藏而浸润的橡木香，口感醇厚朴实，回味悠长，恰似年年有余的寓意，香气绵长，酒体结构平衡，极富成熟、稳重、踏实的气息。

庄园私房菜

这里除了像莜面栲栳栳、左权油糕、莜面鱼鱼、豆角焖面这些地道的山西美食，还有很多适合搭配冰酒的美食。冰酒和甜点是天生一对。西式甜点中的蛋糕、提拉米苏、冰激凌、布丁、果冻等，中式甜点中的桂花糕、荷花酥、红年糕、紫薯山药糕等，和冰酒都可完美搭配。入口醇香四溢，食物中的甜度和冰酒中的甜度交相辉映，各种香气在口中此起彼伏，味觉体验非常美妙。

酒庄周边特色景点，计划不一样的线路游

★龙泉国家森林公园

距酒庄：约 26 千米

沿着清漳河绵延数里，大片的森林覆盖了苍山。林木之中，奇峰耸峙，河流蜿蜒，可见多处历史遗迹，作为一个国家级公园，这里是避暑胜地，也是爱国主义教育基地。

★麻田八路军总部　距酒庄：约 63 千米

地处清漳河沿岸，清漳河有“太行山上小江南”之称。深山密林，河流清泉是一道天然屏障，中国共产党曾在这里留下战斗足迹，光辉历史造就了如今红色主题旅游胜地。

★乔家大院　距酒庄：约 134 千米

国家 AAAAA 级旅游景区，全国重点文物保护单位，国家二级博物馆。乔家大院又名在中堂，始建于 1756 年。它位于山西省祁县乔家堡村。整个院落呈双“喜”字形，分为 6 个大院，内套 20 个小院。它三面临街，四周是高达 10 余米的青砖墙，大门为城门式洞式。它充分体现了北方传统民居建筑风格。院内精致的板绘工艺、巧夺天工的木雕艺术、屋檐下部的真金彩绘等都令人赞叹！

山西产区

山西尧京酒庄
返璞归真，爱上山西味道

Chateau Yaojing

有一种奢侈的旅行是回归自然的旅行。尧京酒庄拥有3500亩葡萄种植园，栽植各类樱花上万棵，全部有机种植，自然天成。放下工作，告别繁华喧嚣的城市，来到尧京酒庄。这里地处山峦之间，景色秀丽，环境清幽，晨观日出，晚看夕阳。春赏花，夏纳凉，秋采摘，冬养生。身入其中，何其浪漫，实乃婚纱照取景的好地方。不仅如此，纳凉采摘，充满乐趣；垂钓园垂钓，人静、心静、境静；玩卡丁车，体验速度与激情……动静结合，适合男女老少的旅行，就在这里，让您乐享身心。

大热点关键词

尧京酒庄地处太行山脉，是一座极具地方特色的精品酒庄。葡萄种植、酿造、休闲观光，可谓老少皆宜。如果您正在计划一次山西太行山之旅，这里是休闲度假好去处，设计在旅游线路里，绝对不虚此行。

来尧京，可以领略辽阔的葡园美景。3500余亩葡萄园，位于太行山脉前的平坦地带，三面环山，台形坡地，视野辽阔，景色秀美。一排排葡萄架采用石狮子立柱，甚是威武。葡园里都是在山西种植表现优良的葡萄苗木，有赤霞珠、小芒森、霞多丽等十余个品种。目前尧京酒庄年产红酒500吨，葡萄汁1000吨。尧京葡萄酒之所以好喝，是因为这里的土壤含有丰富的矿物质，不用施化肥不打农药，有实力种出最好的酿酒葡萄。正所谓葡萄酒的品质七分看原料，三分看工艺。

开花的季节，五彩斑斓的美丽花海，游客感叹不已，流连忘返。每年4月樱花时节，酒庄栽植有近万棵观赏樱花，届时满园樱花飞舞，灿烂芬芳，飘飞似雪，如入仙境！

不仅如此，酒庄计划荒山植树十余万棵，在山间修建台阶和凉亭，可供人爬山、休息、赏景；酒庄还计划还原花狐沟的天然景色，散放鸡、羊5000余只，重新唤起山谷中的生气；还将修复酒庄所在地原始水系，种植水草，放养各类鱼、鸭、鹅，让雾霾不再，蓝天白云，水系环绕。卡丁车赛道让人倍感速度与激情，垂钓园使人心境祥和。

酒庄地址：山西省临汾市襄汾县大邓乡上西梁村

酒庄门票：免费

预约电话：0357-3605049

www.yaojingjiuye.com

交通温馨提示

线路1：开车自驾行。自太原市出发，驾车途径京昆高速、108国道，进入051乡道，到酒庄约300千米，约4小时。

线路2：飞机飞抵临汾乔李机场，依导航，驾车途经108国道、赵神线，抵达酒庄约35千米，约50分钟。

线路3：坐高铁直达临汾西站，途经京昆线、赵神线，驾车约34千米，约48分钟。或坐火车到达临汾站，打车到达酒庄约24千米，约40分钟。

高德地图导航山西尧京酒庄

好的葡萄酒是种出来的，“三分工艺七分原料”。这是尧京酒庄信守的宗旨。漫步在葡萄园，视野开阔，满眼的葡萄田，仿佛闻到葡萄酒的芳香。远处太行山，连绵起伏。

在酒庄这么玩

走进酒庄大门，首先映入眼帘的是巨石上雕刻的8个大字——“万木葱茏，欣欣向荣”。酒庄内处处绿树成荫，葡萄园一望无边，如碧绿的海洋。横贯葡萄园的马路，一眼望不到边。

石狮子，始终守护人们吉祥、平安。葡萄园中的它高贵、尊严，极具王者风范。

酒庄将传统葡萄种植技术和酿造工艺，与现代的葡萄酒酿造方法相结合，使葡萄酒更具贵族气质。

酒庄每年从法国进口橡木桶来补充和替换，保证葡萄酒橡木桶陈酿的效果，酒窖常年温度为14~16℃，湿度为65%~85%，保证了所贮藏的各种酒的充分酝酿和缓慢成熟。

山西尧京酒庄

尧都新韵，万亩葡园连天碧；
佳酿天成，长风厚土品自醇。

扫一扫二维码，酒庄微信公众号看更多精彩。

左一图：环绕着灵动水系，是一条足以让所有人放飞自我的卡丁车赛道。脱掉西装，甩掉烦恼，驾驶着梦寐以求的赛车，冲脱城市的束缚与枷锁，让身体与灵魂一起迎风狂飙……

左二图：这里的场地在国内的酒庄中少有，赛道不仅距离长，还设计了颇多具有挑战性的弯道，配备防护措施确保安全。还有专门的教练指导。

右一图：每年6~9月，荷花亭亭玉立，蜂蝶争宠，晶莹剔透的水珠凝集在翡翠般的荷叶间。走进荷花园，缕缕清香，沁人心脾。

右二图：百禽园的鸡、鸭、鹅，还有鸽子等各种鸟成群结队，生机勃勃。

右三图：每年4月份，路边、山野随处可见美丽烂漫的樱花。开花初期，生机勃勃；盛花期，烂漫无限，更与满园的葡萄融为一体；落花季，花瓣随风漫天飞舞，依旧令人赞叹。园内周边还栽植了月季、蔷薇、芍药、紫藤及名目繁多的小野花，相互争芳夺艳。实乃婚纱照取景的圣地。

右四图：窑院是古老的民居建筑，具有独特的地域特征。西北人性格豪放粗犷又充满了细腻质朴，体现在了窑院建筑的创造中。

YAOKING

CHATEAU
YAOKING
尧京酒庄
R O S E W I N
桃红葡萄酒
优选
酒精度: 11.8% vol 净含量: 750ml
山西尧京酒业有限公司

YAOKING
CHATEAU
YAOKING
尧京酒庄
DRY RED WINE
干红葡萄酒
优选
酒精度: 13.7% vol 净含量: 750ml
山西尧京酒业有限公司

CHATEAU
CHATEAU
YAOKING
尧京酒庄
干红葡萄酒
DRY RED WINE
珍藏
酒精度: 14.4% vol 净含量: 750ml
山西尧京酒业有限公司

酒庄里不容错过的酒

尧京酒庄珍藏干红

葡萄品种：赤霞珠

酒精度：14.4%vol

2015年份荣获“河西走廊杯”国际葡萄酒大赛CWE优质产区大赛奖优质奖。酒呈深宝石红色。果香浓郁优雅，有樱桃、李子、香料和薄荷的气息，入口圆润丰满，平衡性好，富有层次。

意犹未尽还想带走的酒

尧京酒庄优选干红

葡萄品种：赤霞珠

酒精度：13.7%vol

深红色，有果酱、樱桃、桑葚等浓郁香气，口感丰满，单宁良好，后味持久。

尧京酒庄优选桃红

葡萄品种：赤霞珠

酒精度：12.3%vol

酒呈桃红色，富有热带水果香气，入口甜，口感爽净，后味纯净，芬芳持久，风格突出。

庄园私房菜

酒庄露宿，烧烤搭配珍藏干红，酒香浓郁，口感和谐。

酒庄周边特色景点，计划不一样的线路游

★东岭森林公园　　距酒庄：约 17 千米

阳春三月，万物复苏。东岭森林公园树木葱茏，花卉竞开，五彩斑斓。森林公园占地面积 1 万亩，规模庞大，不仅春花烂漫，而且夏荫浓郁，秋色绚丽，冬景苍翠，是又一休闲好去处。

★尧庙　　距酒庄：约 23 千米

临汾尧庙为 AAAA 级景点，省级重点文物保护单位。它位于尧都区南郊，相传陶尧建都平阳，有功德于民，后人遂建庙祭祖。尧庙始建于晋，唐显庆三年（658 年）重建，宋、元、明代屡有修葺，规模渐增，分别建成尧、舜、禹庙，明末清初称三圣庙。尧庙坐北朝南，规模宏敞，占地面积 65 万平方米，主要建筑有广运殿、五凤楼、寝宫、尧井亭、仪门及尧舜禹三座宫门等。

★龙澍峪风景区　　距酒庄：约 39 千米

龙澍峪自然风光秀丽，古代建筑各具千秋。这里的人文景观星罗棋布，“龙斗双阙”是最为著名的自然景观；100 余间庙宇横空出世，气势宏伟，古朴典雅。

宁夏贺兰山东麓葡萄产区

志辉源石酒庄
石头城堡，世外桃源

Zhihui stone winery

亲近，安逸，温和，雅致，这是志辉源石酒庄给人最大的感受。志辉源石酒庄的设计不仅是中国葡萄酒人的梦想，更是一次传统文化的回归。这是一处世外桃源，进入它犹如走进中式风格的画卷，无论走到哪里，都展现着古朴醇厚的中国味道。设计师以汉文化为源，背靠气势恢宏的贺兰山，建造了一处错落有致、古朴典雅的建筑群。游客进入石头城堡，处处可见石雕、木雕等中国传统工艺，犹如游走在历史长廊。细细品味酒庄，每一处精心雕纹，感受中国文化的源远流长。

大热点关键词

亲近，安逸，温和，雅致，这是志辉源石酒庄给人最大的感受。这里以鹅卵石垫成的羊肠小路，以青瓦搭成的几何房檐，以折扇为型的窗，以篱笆为墙的栏，和令人震撼的石头城堡，让每一位游客感受着中国传统文化的视觉冲击力。无论走到哪里都展现着古朴醇厚的中国味道。酒庄园区内还种植300多种植物，是目前宁夏地区树木种类最丰富的园区。法国波尔多大学葡萄酒科学院院长、酿酒工程博士杜德先生(Dubourdieu)来到酒庄，感叹："来到志辉源石酒庄，仿佛置身葡萄酒的东方殿堂，感受到灵魂最深处的震撼。"

感受灵静之旅。亲临葡萄酒工艺现场，轻酌慢品源石佳酿，宛若细细欣赏一幅壮丽的画卷，将贺兰山的魅力与灵韵悉数纳入其中。个中奥妙，唯有亲身一品方得真切体会。

感受西北古典园林之美。源石酒庄承袭了古典园林的风骨，依贺兰山而建，大气中具备精细，融园林于自然，纳自然于小园，是西北地区鲜见的古典园林。

感受有机封闭葡园自然和谐。酒庄坚信好酒是种出来的，六千米卵石墙围起四千亩葡园，采用全封闭式管理。行距3.5米，株距1.2米，严格控制亩产量，提升葡萄质量。葡园内注重生态建设，让葡萄逐渐回归野生状态。

感受田园酒庄之旅。在巍峨山色和葡园美景的映衬下，放松自己，在田园洁净的空气里自由的呼吸。清新的田园乡村风格在喧闹烦躁的世间还您一份纯净与烂漫。

酒庄地址：宁夏银川市西夏区镇北堡镇昊苑村

景区荣誉：国家AAA级旅游景区、国家文化产业示范基地

酒庄门票：60元/人

预约电话：0951-5685880、0951-5685881

www.yschateau.com

交通温馨提示

线路1：开车自驾行。开车走京银线，下京银线到酒庄约行驶1.3千米。

线路2：飞机飞抵银川河东机场。打车途经青银高速、南绕城高速至新小线下高速，往西开至沿山公路（110国道）后再向北1千米左转，行驶1.8千米即到酒庄。总行程约60千米，约1小时。

线路3：坐火车至银川火车站，然后乘游二路，在贺兰山岩画站下车，到酒庄4.3千米。

线路4：坐西部影视城中巴车到红柳湾山庄路口下车即可。

百度地图导航志辉源石酒庄

这里曾经是几千年冲积而成的“荒地”。在这样干旱缺肥、蒸发量高的土地，再倔强的作物也很难存活。如今，荒地“涅槃重生”。经过多年的有机栽培，贺兰山下千亩葡萄园全部通过有机产品转换认证，还荣获宁夏产区优质葡萄园的称号。走进葡萄园，深切感受和谐、生态、自然。

在酒庄这么玩

凝视亘古不语的大山，品味浓缩了时光风土的美酒，休憩在田园质朴的山舍，这是源石为您准备的平静。

不仅仅品酒，品茶、书画、下棋、弹琴皆可……每个房间都有汉文化韵味。

即便见过南方山水图的人，来到这里便可知北方的园林也毫不逊色。返璞归真的园林气息，有一种天人合一的境界。

1958年建成的银川剧院原主体被拆除后，大梁被完整地移建到酒庄，用于酒庄文化大厅的屋顶。这是志辉源石酒庄对旧建筑的保护，更是对银川人文历史的传承和尊重。

志辉源石酒庄

源于山石，
酒出自然。

扫一扫二维码，酒庄微信公众号看更多精彩。

左一图：气势宏伟的城堡，践行天人合一的葡萄园，在此感受中国文化的神韵。

左二图：返朴归真、虚静恬淡的中国园林美学标准与葡萄美酒的气息巧妙结合，中国酒庄园林之美不可言喻。

右一图：中国古典园林造园理论基于以儒道佛思想为中心的多元文化，源石酒庄的园林建造也秉承其“天人合一”“师法自然”的观念，营造了中国园林中独树一帜的酒庄园林风格。

右二图：酒庄的标志离不开传统中国文化——一块汉代的团龙玉牌，圆形象征着中国传统文化中追求的团圆、圆润之意。站在天地间，满眼都是悠悠人间光阴飒飒，无所不在，却不古旧陈腐，聊聊红酒，谈谈人生，时光就这么悄悄溜走了。一砖一石，潜心造酒。

右三图：进到城堡内，花岗岩的地下酒窖，鬼斧神工的设计令人震撼。结实的橡木桶整齐地摆在木架上。墙壁上的鹅卵石随意地排列，像是在很久很久以前就存在于这个隐秘的地方。脚下花岗岩的纹路，像是定格的琥珀，每走一步都是一种极致的享受。令人想要即刻与源石葡萄酒来一场陶醉的恋爱。

右四图：清晨，阳光洒满房间，窗外巍峨山色、葡园美景。只有放空大脑，放松身心。

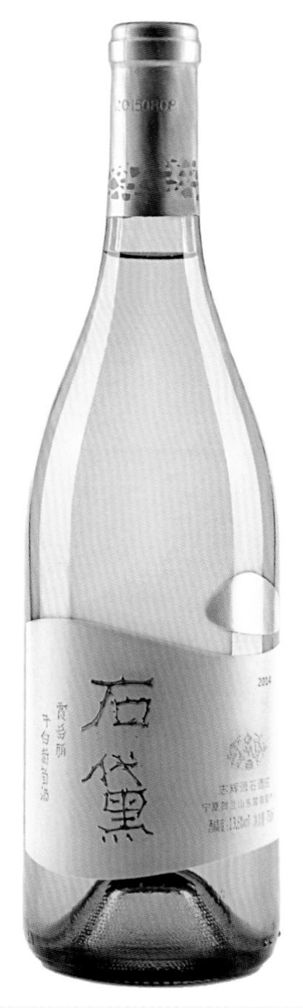

志辉源石酒庄美酒配美食，微醺酣畅

这是一种令人陶醉的定格的味道。因为酒庄坚信好酒是种出来的，六千米卵石墙围起四千亩葡园，采用全封闭式管理，让葡萄逐渐回归野生状态。坚持用中国风土酿造适合国人饮用的葡萄酒。

“山”系列葡萄酒的山之子·赤霞珠干红葡萄酒先后在葡萄酒大赛获3金、1银、1铜。2013年荣获中国优质葡萄酒挑战赛金奖；2014年荣获国际领袖产区葡萄酒质量大赛金奖；2015年荣获品醇客Decanter世界葡萄酒大赛铜奖；品醇客DAWA亚洲葡萄酒大赛银奖。它和山之语·赤霞珠干红分获中国优质葡萄酒挑战赛金奖和银奖。

而“石黛”系列葡萄酒的石黛·赤霞珠干红葡萄酒别看只有一百元出头，2015年也荣获国际领袖产区葡萄酒质量大赛评委会奖和五色海岸新酒节优胜奖。石黛·霞多丽干白葡萄酒2014年获亚洲冠军侍酒师烈酒大赛铜奖。

酒庄里不容错过的酒

山之子·赤霞珠干红葡萄酒

葡萄品种：赤霞珠80%，美乐20%

酒精度：13.5%vol

贺兰山东麓优良地块限产葡萄精酿，橡木桶14个月陈酿。酒呈明亮的宝石红色，略带紫色调。闻之散发着黑莓、李子、黑樱桃等黑色浆果香气。口感新鲜而柔和，单宁细腻，口感丰腴，回味绵长。

山之语·赤霞珠干红葡萄酒

葡萄品种：赤霞珠

酒精度：13%vol

橡木桶10月陈酿。其色如红宝石，闻其味红色水果香气集中而鲜明，辅之幽长甜美的肉桂香味。酒体圆润，酸度适中，入口有充裕的成熟水果的味道，单宁细腻绵密，曼妙柔美。

意犹未尽还想带走的酒

石黛·赤霞珠干红葡萄酒

葡萄品种：赤霞珠

酒精度：13.5%

酒呈樱桃红色，伴有浓郁的黑加仑、樱桃、胡椒香气。入口圆润，口感持久并伴有清香的红色水果香气，单宁柔和细腻。平衡的口感和稳定的香气，适合中国饮食的多元化特征。

庄园私房菜

这里有地道的宁夏美食。推荐手抓羊肉，相传有近千年的历史，原以手抓食用而得名。因其肉鲜味美，没有浓重的羊膻味，吃起来没有油腻感，而广受人们喜爱。羊杂碎，绵软爽口，做法和吃法有很多种。八宝茶，也称"三泡茶"，是居住在古丝绸之路上的回族和东乡族人待客的传统饮料。还有宁夏的黄河鲤鱼非常有名，肉质鲜美，细质嫩滑，是中国四大名鱼之一，以糖醋、清蒸等法烹饪后，味道上乘。

石黛·霞多丽干白葡萄酒

葡萄品种：霞多丽

酒精度数：13.6%

酒呈现明亮悦目的淡金色。花香、果香富贵迷人，酒体柔和伴有芬芳的青苹果、柠檬果香，后味略甜，酸爽适口，回味长而持久。

酒庄周边特色景点，计划不一样的线路游

★镇北堡西部影视城　　距酒庄：约 5 千米

被誉为"东方好莱坞"的影视城被当地人称为镇北堡，过去只是一个边防要塞，在此摄制影片之多，升起明星之多，获得国际、国内影视大奖之多，皆为中国各地影视城之冠，故被誉为"中国一绝"。

★沙湖　　距酒庄：约 5 千米

沙湖旅游区南面是一片面积 3 万亩的沙漠，东北面芦苇成片成丛，游艇在芦苇中穿行，野趣横生。沙湖鸟类品种繁多，除此之外，还盛产各种鱼类，在湖南岸的水族馆里，可以看到几十种珍稀鱼类。

★宁夏西夏王陵　　距酒庄：约 27 千米

西夏是我国 11 世纪初以党项羌族为主体建立的封建王朝。西夏陵是西夏王朝的皇家陵园，9 座帝陵布列有序， 253 座陪葬墓星罗棋布，是中国现存规模宏大、地面遗址完整的帝王陵园之一。被世人誉为"神秘的奇迹""东方金字塔"。

宁夏贺兰山东麓葡萄产区

贺东庄园
老藤葡园的世外桃源

Chateau Hedong

贺兰山下果园成，塞北江南旧有名。初秋，酒庄最美的时节，夕阳西下苍山环抱下的葡萄园静谧恬静……漫步葡萄园，远离城市喧嚣，看雁群的翅影打翻一盏夕阳，这绝对是件浪漫又写意的事，颇有种“醉翁之意不在酒，在乎葡萄庄园间”的意境。这里“神赐宝地，自然天成”，是中国唯一恰在北纬38°酿酒葡萄黄金种植带上的葡萄园，葡萄园内还有传说中已近百年老藤。这里，就是贺东庄园，地处被公认为中国最佳葡萄栽培地区之一的贺兰山东麓，是宁夏历史最悠久的庄园之一。

大热点关键词

美国建筑大师沙里宁曾说过，建筑就像一本打开的书，从中您能看到一座城市的抱负。墙面上斑驳的痕迹铭记着历史，那是一种人间最朴素的色调。**创建于1997年的贺东庄园也像一本打开的葡萄酒书。可以阅读、体验，更可以思考。**

2600多亩的葡萄园，酒庄从法国引进名贵酿酒葡萄种苗赤霞珠、品丽珠、西拉等，种植着60余种葡萄。待到葡萄成熟的季节，可以来这里提供了自由采摘的葡萄园，体验采摘的乐趣。**葡萄园中的老藤树龄已近百年，仅存225株。**是整个贺兰山东麓产区耀眼的宝石。老藤所结葡萄数量稀少，体格娇小，但风味复杂，所酿的酒更是极为珍贵。每一位来到贺东庄园的人，都会在这片老藤前合影留念，它的魅力只有亲手摸到，才能感受到。不仅如此，在酿造车间可以参观、自酿。榨季期间，葡萄酒爱好者可与酿酒师一起亲自动手酿酒，感受DIY的乐趣。**庄园于2010年还先后建造了三座葡萄酒文化会所，供葡萄酒爱好者们品鉴及文化交流。**

这里的文化酒窖，3200多平方米，是贺兰山东麓产区最大的酒窖之一。在这里品鉴葡萄酒也有专业品酒师带领。酒窖中的收藏品亦价值不菲，有与台北“故宫博物院”镇馆之宝造型一致的玉白菜，有一套为庆祝联合国成立70周年送上的国礼——和平尊，全球限量只有2015套……

总之，这里的一切无不在传承着中国葡萄酒的文化，耐心地打磨着最智慧的葡萄藤，最醇厚醉人的美酒！

酒庄地址：宁夏石嘴山市大武口区金工路

景区荣誉：2006年6月获“宁夏贺兰山东麓”国家原产地地理标志产品专用标识使用权；《贝丹德梭葡萄酒年鉴》评选贺东庄园获年度十佳酒庄

酒庄门票：100元/人（参观+品鉴3~5款酒）

预约电话：0952-2658368

交通温馨提示

线路1：开车自驾行。若自银川市出发，驾车途径北京中路、北京西路，最快20分钟左右就可到达酒庄。

线路2：飞机飞抵银川河东机场。打车途经青银高速、银川绕城高速。总路程约40千米，约50分钟。

线路3：坐火车至银川火车站，距离酒庄约1.4千米，步行即可。或坐长途车至银川旅游汽车站，到达酒庄约12千米，约26分钟。

高德地图导航贺东庄园

贺兰山东麓被公认为是中国最佳葡萄栽培地区之一。这里种葡萄的风土条件像气候、土壤等甚至优于法国著名葡萄酒产区波尔多地区。因此，贺兰山东麓葡萄酒经国家质检总局批准获得“贺兰山东麓葡萄酒原产地域保护产品”称号。而贺东庄园恰在北纬38°酿酒葡萄的黄金种植带上。

在酒庄这么玩

贺东庄园敞开的大门欢迎八方宾朋，来参观老藤，品尝贺东葡萄酒，体验贺兰山东麓葡萄酒文化的魅力。

葡萄园划分了很多地块，这片地从法国引进酿酒葡萄种苗品丽珠，有20余年历史。

贺东庄主收集了大量的车轮，点缀在园区，独特且个性。庄主龚杰曾说：“怀旧是对逝去时光的缅怀，也是对现在的激励，保留这些年代的记忆，是唤起我们对遥远乡情的回味与热爱。”

酒窖分为四个区域：桶储区、年份酒瓶储区、会员酒瓶储区、葡萄酒文化浓缩展示区。这是年份酒瓶储区，恒温恒湿，一瓶瓶酒整齐地码放数十层，阵势强大。葡萄酒是有生命的，在这里它们静静陈年，酒中风味发生着微妙的变化，变得复杂而耐人寻味。

贺东
庄园

贺东庄园

百年老藤，
传承经典。

扫一扫二维码，酒庄微信公众号看更多精彩。

左一图：金秋时节，又到了葡萄成熟的季节。贺东庄园葡萄园中的几十年树龄的老藤依旧活力充沛，葡萄串串挂枝头。9月中旬起，宁夏的酿酒人也迎来了最忙碌的季节。工人们在葡萄架前，一剪就是一天。他们戴着手套，挑选成熟果穗，一只手托住葡萄的底部，另一只手用剪刀把葡萄的柄剪下来，随之一串串葡萄入筐。贺东庄园现存的老藤结出的葡萄越来越少，所以老藤葡萄的采摘更需细致耐心，粒粒皆珍贵。

右一图：园区有一个幽静的小院，房屋未经修葺。院子里的毛主席语录瞬间勾起上世纪六七十年代生人的怀旧记忆。

右二图：百年老藤博览园现占地5亩，种植有宁夏现存最古老的葡萄品种。这张照片的老藤年龄至少在七八十岁，它结出的葡萄体格娇小，但味道馥郁，层次丰富，俨然浓缩了老藤的精华养分，因此老藤葡萄酿出的酒有着与众不同的风味，香气复杂，平衡浓醇。老藤结出的果实，仿佛生命珍贵的积淀，凝聚着成熟的经验与阅历，这一掬水土的精华带足了饱经岁月历练的滋味。老藤如老者一般充满智慧，老藤葡萄酒的魅力更是无法抵挡的，这或许正是自然最神秘的馈赠。在这里，打磨出最智慧的葡萄藤，最醇厚醉人的美酒吧！

右三图：酒窖规模宏大，令人震撼。

右四图：贺东庄园的餐厅一角，木雕摆件、木雕茶桌，让人回味老藤饱经沧桑的韵味。

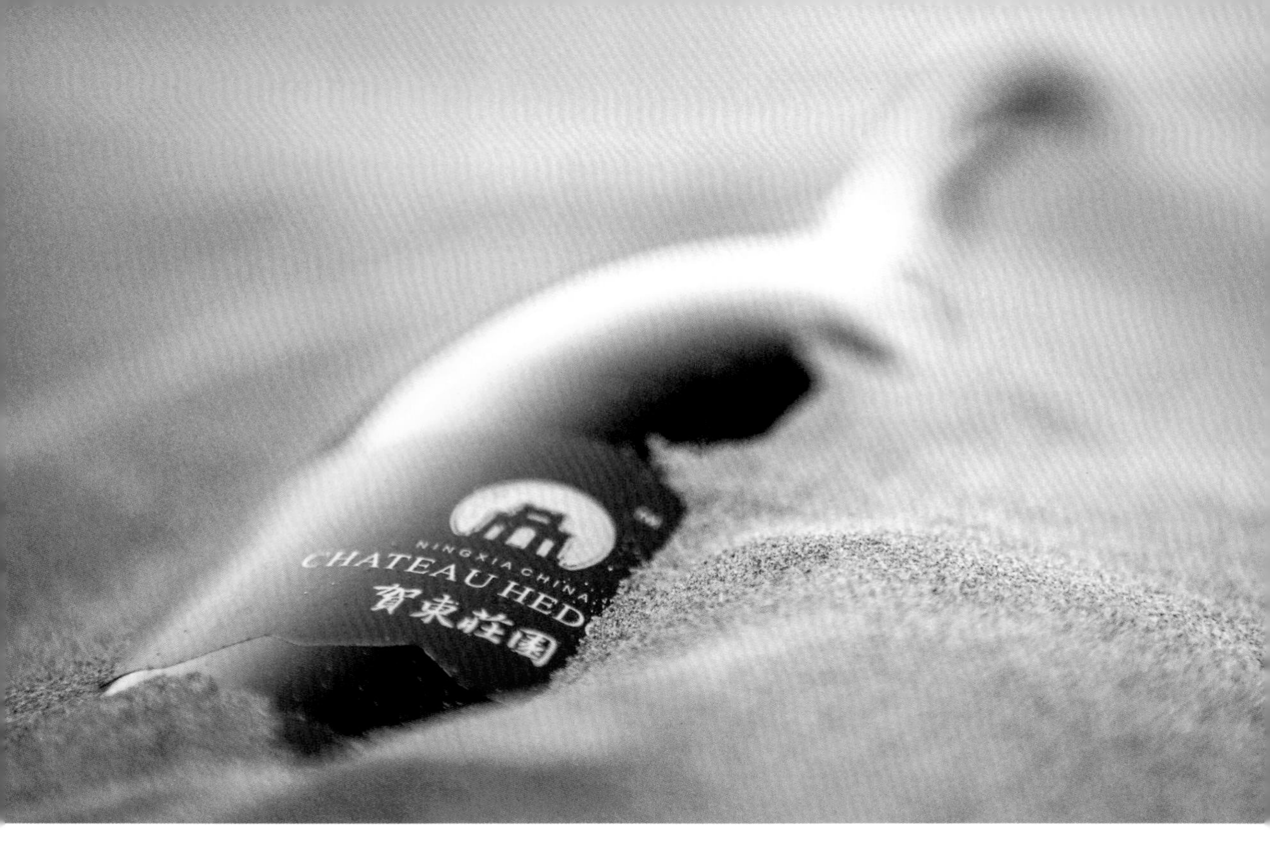

贺东庄园美酒配美食，微醺酣畅

20世纪50年代支援大西北的浩浩大军中有这么一批老前辈们留在了宁夏从事工农业生产，而由此也造就了贺东庄园的前身贺东农场，这里是宁夏第一批种植酿酒葡萄的土地。如今，贺东庄园获得宁夏名牌产品称号。近年来多次获得国内外奖项，并获得国际顶级品酒师的好评。其中，2013年在伦敦举行的品醇客世界葡萄酒大赛中，贺东庄园霞多丽干白脱颖而出，荣获推荐奖；在2013Vinalies国际葡萄酒、烈酒品评赛中，再获银奖。2013年的中国优质葡萄酒挑战赛中，贺东庄园窖藏2011年份干红葡萄酒荣获质量金奖；2014年第六届亚洲葡萄酒质量大赛中，贺东庄园霞多丽干白荣获金奖，品丽珠干红荣获银奖。2016年第四届亚洲葡萄酒大赛，贺东庄园西拉干红葡萄酒荣获特别金奖（大金奖），赤霞珠干红葡萄酒荣获金奖，品丽珠干红葡萄酒荣获金奖。

酒庄里不容错过的酒

贺东庄园西拉干红葡萄酒（根系列）

葡萄品种：西拉

酒精度：14%vol

曾获第四届亚洲葡萄酒大赛特别金奖。酒呈清澈透亮的深宝石红色，带有优雅的熏烤和香料香，口感复杂。单宁优雅细腻，回味悠长。

2015霞多丽干白葡萄酒（根系列）

葡萄品种：霞多丽

酒精度：13%vol

曾获第23届布鲁塞尔国际葡萄酒大奖赛金奖。该酒呈干净的微黄颜色，清澈透亮，热带水果的香气，花的香气，果味充足，香气宜人，伴随蜂蜜气息，味觉柔顺，愉快。该产品所用原料均出自19年以上树龄的成熟树木。所用工艺精湛。

意犹未尽还想带走的酒

贺东庄园窖藏干红葡萄酒（黄标）

葡萄品种：赤霞珠95%，西拉5%

酒精度：12%vol

精选树龄18年以上葡萄为原料，法国橡木桶陈酿12个月以上及酒窖瓶储6个月而成。酒呈深宝石红色，甜兮兮的黑色浆果、油脂香气，浓郁复杂，鲜活奔放。入口后，一阵阵强劲的力量冲击着味蕾，单宁细腻，新鲜的果香味儿持续有力。

庄园私房菜

这里的餐厅既可供百余人同时就餐，也可供几十人在富有宁夏风格特色的平房里聚餐。厨师长擅长地道的宁夏地方菜。像清蒸羊羔肉，蘸调料浆汁食用。白嫩透红，利口不腻，无奶腥味。烩羊杂碎，加调料而食，滋味醇美，香气浓重。丁香肘子，猪肘肥而不腻，瘦而不柴，软烂适口，味道醇厚。宁夏菜佐料离不开西红柿，与花椒、八角、茴香、辣椒等形形色色的香料，搭配宁夏产区葡萄酒相得益彰。

贺东庄园北纬38° 品丽珠干红葡萄酒

葡萄品种：品丽珠

酒精度数：14.5%vol

精选树龄19年以上的葡萄精心酿制，酒呈清澈透亮宝石红色，散发红色浆果与巧克力香气，口感醇香浓郁，回味绵长。

酒庄周边特色景点，计划不一样的线路游

★五七干校　　距酒庄：约 11 千米

这里讲述了一段特殊时期的历史，是“文化大革命”期间，为了贯彻毛泽东《五七指示》和让干部接受贫下中农再教育，将党政机关干部、科技人员和大专院校教师等下放到农村，进行劳动的场所。

★北武当庙　　距酒庄：约 13 千米

北武当庙又称寿佛寺，是一座儒、释、道三教合一的古寺，史上就有“山林古刹、西夏名兰”的美誉，始建于盛唐时期，距今有 900 多年的历史。自康熙四十年正式在此建庙，慈禧太后曾钦此“护国寿佛禅寺”。

★沙湖　　距酒庄：约 25 千米

1996 年被列为全国 35 个王牌景点之一，曾是前进农场的一片渔湖，因形似一块元宝，又名元宝湖，1991 年被正式开发为旅游景区。

甘肃武威产区

莫高生态酒堡
北纬 38°万亩葡园

Chateau Mogao Ecology

莫高生态酒堡坐落于国家4A旅游景区——武威市沙漠公园内，酒堡建于2013年9月，西距中国天马故乡——武威22千米，东距莫高庄园约15千米，地处腾格里沙漠的边缘。从筹建的那天起，就致力于打造集生产加工、观光旅游、休闲娱乐、红酒地产等于一体的体验型、生态型、环保型、专业化的葡萄酒生态系统圈。酒堡将中国莫高葡萄酒文化，乃至西方葡萄酒文化融入到旅游理念之中，突出历史文化概念。

大热点关键词

我国是世界上酿造葡萄酒较早的国家之一，据史料记载，早在2400多年前凉州就有了葡萄。公元前138年，张骞出使西域，带回葡萄种子，并引入酿造技术，从此武威就开始种植葡萄，凉州成为了中国葡萄及葡萄酒的发祥地。上世纪80年代初，莫高人怀着再现昔日凉州美酒之神韵的精神理念，开始在甘肃武威建园、建厂，成为了甘肃乃至西北较早的葡萄酒生产企业。如今莫高生态酒堡成为了继莫高庄园、莫高国际酒庄后又一个原生态、崇尚环保的酒堡。生态酒堡主体现已竣工，待彻底完工之后这里有庄园度假，有红酒养生，还有专业的葡萄酒培训及葡萄酒品鉴等项目。来莫高，在葡萄美酒中寻觅古丝绸之路的印记，这是广漠之中的珍贵所在。

欣赏万亩黑比诺葡萄园。1.3万亩黑比诺葡萄园俨然成为广袤沙漠中的一片绿洲。钻进万亩葡园的翠绿中，烈日之下的一片绿意太稀罕！沙漠与绿洲的强烈落差感营造出强烈的身心感受，是休憩，是滋养，是沉淀。

在沙漠与绿洲之间穿越，终于让人有了一种莫名的着落感。莫高生态酒堡在清源镇沙漠公园内，走进酒堡前在沙漠公园中一游，可以感受到大漠风情。

来莫高旅游可以计划三个酒庄的旅行。莫高庄园距离莫高生态酒堡不足20千米。还可在兰州停留，参观位于兰州市安宁区的莫高国际酒庄。

酒庄地址：莫高生态酒堡位于甘肃省武威市凉州区清源镇沙漠公园内（凉古路到清源新镇）；莫高庄园位于甘肃省武威市凉州区黄羊镇新河街1号；莫高国际酒庄位于甘肃省兰州市安宁区莫高大道33号

景区荣誉：首批农业产业化国家重点龙头企业

酒庄门票：30元/人

预约电话：18298439558

交通温馨提示

线路1：开车自驾行。酒堡临近G312国道、G30连霍高速、金色大道、凉古路。若从兰州出发，依导航，到达酒堡约265千米，约3.5小时。

线路2：飞机可选择到兰州中川国际机场、金昌机场、张掖机场、敦煌机场等任意航线。再转火车到武威。打车到酒庄约30千米，约40分钟。

线路3：坐火车到武威站，之后同线路2。

百度地图导航莫高生态酒堡

莫高生态酒堡——沙漠中的绿洲，全线处于北纬38度线，南邻终年积雪的祁连雪山，北靠腾格里沙漠，方圆50千米内不见工业污染。到葡萄园深处，万亩黑比诺翠绿如洗，赶上成熟时，在专门的采摘区信手摘来，入口甘美，有浓郁的葡萄芬芳，是广漠戈壁上的美味佳酿。

在酒庄这么玩

在清源镇沙漠公园内，莫高生态酒堡气势磅礴。这里是沙漠绿洲。黑比诺是世界上公认的性情不定、难种植、难酿造葡萄品种。这片“绿洲”的微型气候、土壤特点以及栽培技术造就了香气浓郁，口感变化丰富的黑比诺葡萄酒。这里和莫高庄园是中国大规模种植黑比诺的基地。2014年3月，甘肃省政府决定中国·河西走廊有机葡萄美酒节落户武威的莫高生态酒堡。由来已久的酒文化在这里打上了深深的文化烙印。

这里是甘肃乃至西北较早的葡萄酒生产企业。1998年、1999年莫高生产出第一支冰酒、第一支黑比诺干红。

两个巨大石座擎着鲜红的平顶，平顶之下是巨大的圆拱，这便是莫高国际酒庄大门。走进酒庄，名种葡萄示范园、精品牡丹园、欧式建筑风格的文化博览中心、震撼的文化酒窖，令人目不暇接。

左二图

左五图

左六图

莫高生态酒堡

这里代表着一种文化，
晶莹的酒液仿佛雨露渗透您的心田，
滋养您的身心。从此，人生变得
轻松、快乐、充实、沉着……

扫一扫二维码，酒庄微信公众号看更多精彩。

左一图：这是莫高生态酒堡鸟瞰图。每一栋建筑的装饰细节都诉说着历史传承而来的典雅气质，在蔚蓝的天幕下，展现出一个酒香馥郁的世外桃源。

左二图：莫高生态酒堡是“莫高葡萄酒城”的核心部分。漫步酒堡，仿佛回到了古老的欧洲中世纪。红色陶土屋瓦、青色的墙面涂层，在金色阳光的映衬下，洋溢着淳朴唯美的欧式田园风情。

左三图：国际技术交流中心位于文化广场的西侧，在这里可以通过各种形式的国际葡萄酒技术交流活动，促进莫高葡萄酒及河西走廊产区葡萄酒技术水平、营销水平等快速提升，由莫高带动河西走廊葡萄酒快速发展，在国际葡萄酒市场占据举足轻重的地位。

左四图：高科技梦幻酒窖是莫高生态酒堡最神秘的地方，也是酒堡的核心。通过电梯进入酒窖，首先会被大厅顶部的太极屏设计及如意球造型的挂灯所吸引。

左五图：如意球挂灯象征着吉祥如意，团圆和美，寄托了莫高对来宾的真挚祝福。

左六图：在4D影院内，180°的柱面环幕立体影像使人身临其境，如梦如幻的体验。

右一、二、三图：私人定制区、私藏酒窖常年恒温恒湿，专人测量控制温度湿度，保证每桶、每瓶酒都是适宜的状态下储存。陈列区展示了马扎罗、1099金爵士、730金爵士、金橡木桶奖金爵士、黑比诺系列、冰酒系列、加本依等200余款见证莫高品牌成长的产品。

右四图：生产设备展示区展示了从葡萄种植、生产加工、成品包装等每一环节的先进生产设备。

莫高生态酒堡美酒配美食，微醺酣畅

早在1998年，莫高生产出第一支冰酒，荣获“国家级优秀新产品奖”及“中国轻工精品展金奖”；1999年，莫高生产出第一支黑比诺干红，荣获“国家级优秀新产品奖”及“中国轻工精品展金奖”；1999年，在全国葡果酒质量鉴评会上，莫高干红葡萄酒荣膺第一名。直到现在，莫高美酒每年均有获奖。其中，2008年，“莫高黑比诺”荣获2008广州国际名酒展览会暨第三届世界名酒节“金橡木桶”奖。2010年，莫高马扎罗、XO、金冰葡萄酒荣获“中国轻工精品展金奖”。2016年，莫高金爵士黑比诺干红、莫高干白葡萄酒荣获2016BRWSC布鲁塞尔国际葡萄酒大赛金奖。2017年，莫高公司连续五年问鼎“中国葡萄酒品牌价值第三”，品牌价值升至136.95亿元，“莫高牌”同时荣获“中国八大干红葡萄酒品牌”“中国八大干白葡萄酒品牌”。莫高公司董事长赵国柱被评为“2017年度华樽杯中国酒业十大年度人物”。

酒堡里不容错过的酒

莫高金爵士黑比诺干红

葡萄品种：黑比诺

酒精度数：12.5%vol

这是莫高的主打产品。呈现出清亮的宝石红色，澄清绚丽，浓郁的果香果芬芳幽雅，如同优雅的女子娇艳诱人，口感柔嫩，舒适和谐。

莫高金标冰酒

葡萄品种：白比诺、雷司令

酒精度数：12%vol

采用莫高酒庄葡萄园的天然白葡萄采用国际OIV工艺精酿而成，口味甘甜醇厚。酒体呈禾秆黄色，晶莹澄澈，散发着馥郁的果香，清新浓郁，入口醇香协调，酒体丰满，口感酸甜适中。

意犹未尽还想带走的酒

莫高1999木盒黑比诺干红葡萄酒

葡萄品种：黑比诺

酒精度：12%vol

酒体晶莹剔透如红宝石，天然的黑比诺果香馥郁，伴着几丝花香，经久不息，入口芳醇柔顺，典雅丽质如温婉女子，恰到好处。

莫高2001黑比诺干红葡萄酒

葡萄品种：黑比诺

酒精度数：12%vol

酒体亮丽澄澈如红宝石，芳香馥郁，浓郁的果香伴着隐约的花香。口感清新雅致顺滑。

除此以外，还有375ml小金冰和375ml小冰红。

庄园私房菜

莫高酒庄餐厅带有民族风情的古典装修风格。坐在其中，选用几款当地特色菜品，西北风味配上相宜的莫高葡萄酒，享受传承千年的葡萄美酒，独具特色，于豪放的西北风情中感受一段属于葡萄酒的华贵典雅。

酒庄周边特色景点，计划不一样的线路游

★武威沙漠公园　　酒堡在公园内

位于甘肃武威城东22千米处的腾格里沙漠边缘，是国内最早在沙漠中建立的公园，被誉为“沙海第一园”。现为国家AAAA级旅游景区。沙丘起伏，分布着梭梭、桦木、红柳、沙米及蓬棵等沙生植物，植被多样，还有多种国家一级保护动物出没，是感受当地自然风光的绝好处所。跑马场、浴沙场、大型泳池，还有滑沙等让人尽情享受西北的民族风情。

★莫高庄园　　距酒堡：约38千米

位于甘肃武威市凉州区黄羊河农场内。庄园内的一砖一瓦，一草一木都体现着莫高人设计的精心与细致，曲曲回廊，页页轩窗皆流露修建者的意趣与情调。品尝葡萄美酒，享受绿色有机的农家菜肴，还可以参与莫高庄园采摘节、腾格里沙漠旅游等。驾车穿行在西北的戈壁沙漠，从满目粗犷苍凉的戈壁沙漠闯入酒庄，实在是件让人欣喜若狂的事。因为相对于黄沙漠漠的寂静与苍凉，一片生机盎然的葡萄园和略带西域风情的建筑群，终于让人有了一种着落感——不再漂泊。

★莫高国际酒庄　　距酒堡：约269千米

参观位于兰州市安宁区的莫高国际酒庄，领略震撼的文化酒窖的同时，还可去兰州水车博览园、黄河母亲、天下第一桥——黄河铁桥、安宁仁寿山、植物园诸多景点。

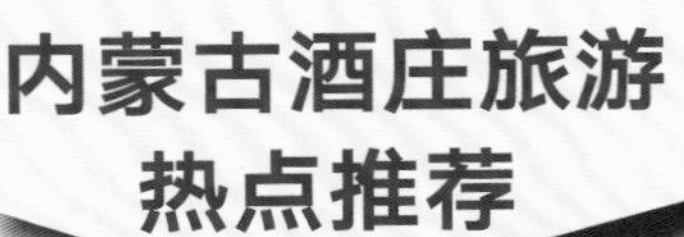

内蒙古酒庄旅游热点推荐

中国·阿拉善·乌兰布和沙漠

沙恩国际庄园 金色沙海中的一颗祖母绿

Chateau Shaen Kinschab

金色的沙海中镶嵌着一颗祖母绿，磅礴的黄河宠溺着这个生机勃勃的绿洲，这就是沙恩国际庄园，也是一座屹立于沙漠之海中的奇特园林。酒庄葡萄园地处北纬39°，位于内蒙古阿拉善盟乌兰布和生态沙产业示范区，东依滔滔黄河，背靠广袤浩瀚的乌兰布和沙漠。无论您是偏爱独特的沙漠景观，还是偏爱绿化景观，是想策马奔腾，还是纵情高歌，无论您是爱中式的风光，还是喜欢小资范儿的生活体验，沙恩国际庄园都能360°无死角地满足您的需求。这里是拥抱自然，进行生态旅游的好去处。

大热点关键词

“人与自然和谐共生”，这里是集生态、休闲、运动、体验于一体的新型生态旅游景区。近10万亩生态基地，沙漠草原风光，黄河西岸水土风光。沙恩国际庄园不仅能激活舌尖上的味蕾，还能呈现一席视觉的饕餮盛宴。葡萄园主题体验区、生态展示区、滨水文化休闲区、沙漠运动休闲区和自然观光游览区令人眼界大开。

葡萄园种植基地参观。都说最美妙的口感源于顶级的原料，沙恩酒庄葡萄种植园内是自然绿色与现代科技的结合。粒粒饱满圆润的果实沉甸甸地挂在藤上，从视觉冲击着人的味蕾，从舌尖到舌根，令人陶醉。在这里，您可以享受“权证庄园主计划”，可以在这个如同海市蜃楼的仙境，拥有一块自己专属的葡萄园。

畜牧业养殖参观。放荡不羁爱自由的年轻人怎能没有自己的专属坐骑？在这里，一只只可爱的“萌宠”——顺性的牛羊驼马乖乖地等着它们的主人来认领回家。您可以亲自喂食，取名挂牌，想象着自己在欧式的庄园里，饲养着专属的宠物，瞬间提升了格调，让自己变得与众不同。

高尔夫球练习场。拉上好友，背上球杆，尽情享受挥汗如雨的畅快，没有城市的高楼大厦挡住远眺的视线，没有汽车杂音扰乱宁静的心弦，在一望无际的球场上，有的只是心灵上的清净和身体上的放松。一杆打出，球向前飞奔而去，广阔的视野毫无阻拦，能看到的只有美丽的景色。

酒庄地址：内蒙古阿拉善盟生态沙产业示范区

景区荣誉：金沙生态旅游区、国家AAAA级旅游景区

酒庄门票：60元/人

预约电话：0473-6910222

www.jinshasky.com

交通温馨提示

线路1：开车自驾行。若自呼和浩特市出发，驾车途径京藏高速、S215，到酒庄约584千米，约6小时。

线路2：飞机飞抵乌海机场，打车从机场路经过海北大街、110国道、滨湖路，车程约35千米，约50分钟。

线路3：坐火车。北京西站和北京北站均有直达乌海的线路，可到乌海站或乌海西站。打车经过110国道、滨湖路，车程约20千米，半小时。

线路4：坐长途汽车到乌海市长途汽车站或乌斯太长途汽车站。打车路线同线路3。

百度地图导航沙恩国际庄园

无论您是天生放荡不羁爱自由，还是追求高雅生活的乐天派，金沙的细腻，总有一个细节能触碰到您的心弦。对于钟爱越野赛的越野发烧友来说，来沙恩酒庄旅行更是难忘之旅。驾着越野车在沙漠里潇洒前行，“乘风破浪”，惊险刺激，挑战极限。

在酒庄这么玩

沙恩·金沙臻堡酒庄的韵味无穷，无论是自然的景致，还是人文的设计，无一不体现出金沙精致的美感。

空气里荡漾着葡萄酒浓郁的香味，还未品尝身心就已经被捕获，真是“酒不醉人人自醉”。

徒友结伴穿梭在沙漠中，体会乌兰布和沙漠的苍茫浩瀚。这是沙漠中的“生命”足迹，不远处的绿草顽强成长。

酒窖里弥漫的一股湿潮而温暖的酒香将人包围起来。一排排整齐的橡木桶用手轻轻抚摸，离去之后，身上依旧留有香气。

快乐121
快乐121主题夏令营

快乐121
快乐121主题夏令营

沙恩国际庄园

黄河左岸，沙海之滨，
大漠沙恩，好酒天成！

扫一扫二维码，酒庄微信公众号看更多精彩。

左一图：参与酒庄有意义的文化项目令人受益匪浅。“快乐121”主题夏令营每期都很精彩。讲解员热情洋溢的讲解，讲葡萄种植、成长、繁育、结果等农林科普知识，讲对自然的感受、分析美好心境。在不知不觉中，孩子学到了很多知识，寓教于乐。

左二图：这是“快乐121”主题夏令营全体在酒庄门前合影，欢乐喜悦。

右一图：穿越沙漠是一种历练。偶遇沙漠守护者“猎豹”，顿生崇敬之情。

右二图：乌兰布和沙漠徒步穿越是让人永生难忘的体验，体会乌兰布和沙漠的苍茫浩瀚；沙漠越野冲浪，感受沙山陡坡直上直下的疯狂；沙漠旅游还有沙漠高尔夫和体能拓展项目，令人精神愉悦，体能提升。亲子的旅行，更显珍贵。不仅是路途的风景，更是一种无可言说的“爱”的陪伴。

右三图：酒庄饲养了牛、羊、特色家禽、骆驼、马、鸸鹋、梅花鹿等各类动物，提供了特色养殖展示体验，同时设置“权证庄园主计划”让游客拥有属于自己的权证葡萄基地，领养几头顺性的牛羊驼马。等您回到家中，打开APP看着它们的憨态，顿生快乐。

右四图：夜晚的沙漠之光带来了暖暖的安全感。沙漠，在常人眼中，是满目苍凉、炽热干涸的难以逾越的死亡之境；在诗人眼中，是“大漠孤烟直，长河落日圆”的雄奇图景；在哲学家眼中，是最瑰丽的时间与永恒。

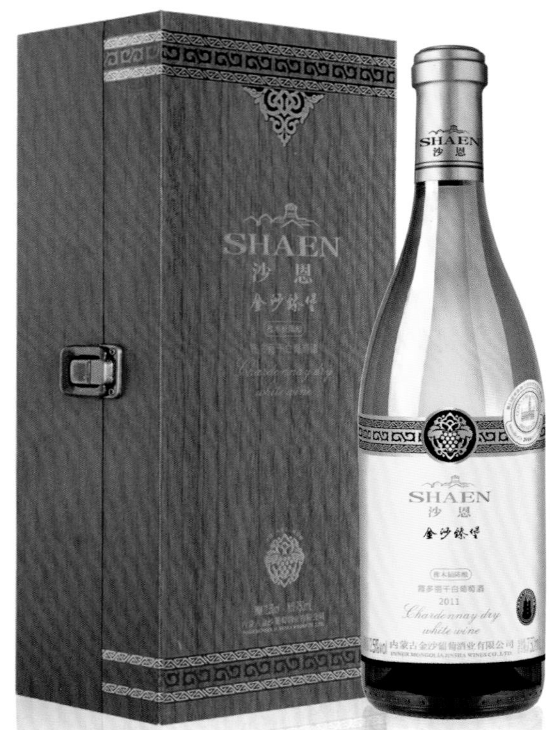

内蒙古金沙酒庄美酒配美食，微醺酣畅

沙恩国际庄园被誉为“中国第一沙漠酒庄”，还成为阿拉善沙漠世界地质公园指定酒庄。沙恩酒庄荣获2015年中国品牌建设领军企业。金沙葡萄酒荣获2015中国红酒十大品牌。2014年橡木桶陈酿赤霞珠荣获布鲁塞尔金奖。时隔两年，橡木桶陈酿霞多丽干白葡萄酒从来自全球51个国家的8750种葡萄酒中脱颖而出，以84.8分的高分再次荣获2016布鲁塞尔国际葡萄酒大赛银奖。它是沙漠葡萄酒典范之作、中国葡萄酒杰出代表，由金沙首席酿酒师薛铁军先生精心酿制。2013年6月8日，神舟十号发射任务进入倒计时之际，乌海民进会员企业内蒙古金沙葡萄酒业向东风航天城赠送金沙臻堡干红、干白葡萄酒各100件，作为神舟十号飞船成功发射的贺礼。

橡木桶陈酿
赤霞珠干红葡萄酒

橡木桶陈酿
霞多丽干白葡萄酒

酒庄里不容错过的酒

时光系列_橡木桶陈酿赤霞珠干红葡萄酒

葡萄品种：赤霞珠

酒精度：12.5%vol

曾获第21届布鲁塞尔全球大赛金奖。精选北纬39°自有沙漠庄园所产国际名种酿酒葡萄赤霞珠为原料，经法国橡木桶中窖藏24个月陈酿而成。酒呈闪烁深宝石红色，清澈透明。闻之有浓郁的酒香和橡木香气，口感饱满柔顺，回味绵长。

金沙·臻堡橡木桶陈酿霞多丽干白

葡萄品种：霞多丽

酒精度：12.5%vol

荣获布鲁塞尔世界葡萄酒大赛银奖，荣获2017帕耳国际有机葡萄酒评奖大赛金奖。精选北纬39° 自有沙漠庄园所产国际名种酿酒葡萄霞多丽为原料，经法国橡木桶中窖藏12个月陈酿而成。酒呈禾秆黄色、晶亮透明。闻之有烤面包香、酒香和橡木香气。入口醇厚饱满、口感柔顺。

意犹未尽还想带走的酒

神十系列霞多丽干白葡萄酒

葡萄品种：霞多丽

酒精度：12.5%vol

神舟十号飞船发射庆功用酒，曾获2013年度百大葡萄酒评选铜奖。该酒呈浅禾杆黄色，晶莹透明。闻之有浓郁花香和果香。口感柔顺、回味绵长。

神十系列干红葡萄酒

葡萄品种：赤霞珠

酒精度：12.5%vol

神舟十号飞船发射庆功用酒。该酒呈深宝石红色，清澈透明。酒香深邃，香气怡人。口感柔顺，回味绵长。

庄园私房菜

住蒙古包，蒙古包内吃蒙餐，篝火晚会烤全羊，感受蒙古文化风情。酒庄还有有机蔬菜、内蒙古阿拉善盟特色羊肉、特色鱼、鹿肉、牛肉等特产。目前蒙古包有20间，木制别墅80套。

酒庄周边特色景点，计划不一样的线路游

★乌海湖　　距酒庄：约 12 千米

它属于黄河水域的一部分。湖光山色，景色优美，不禁让人感叹大河潮涌天地阔，风劲长空丹霞舒。

★甘德尔山旅游区　　距酒庄：约 23 千米

AAA 级旅游景区。景区东至海拉二级专运中心线 50 米，西至黄河 1078 水位线，南至甘德尔陵园，北至海勃湾区南河河槽（卡布其沟）。海拔 1805 余米的甘德尔山山顶塑有成吉思汗雕像。

★北寺　　距酒庄：约 136 千米

史称“福音寺”，俗称为“北寺”，是阿拉善王之子在皈依六世班禅后创建的。北寺历史上最著名的文化名人是阿旺丹德尔。

★梦幻大峡谷　　距酒庄：约 197 千米

位于阿拉善左旗敖伦布拉格镇境内的阴山，被牧民誉为“七彩神山”，大山有红、黄、灰、白等多种颜色，在夕阳的映衬下，山体流光溢彩，如七色哈达环绕，如梦如幻。

内蒙古产区

阳光田宇国际酒庄
尽享大漠中的诗酒年华

Chateau Sunny Love

如海市蜃楼般屹立在北方草原上的一座恢宏城堡，独一无二的层阶式葡萄酒庄，宛如走进画中“长河落日”“大漠孤烟”的大漠塞外风情。这里没有大都市的喧哗与快节奏的步伐，取而代之的是人与自然之间的微妙感应。千亩良田，碧波荡漾，万亩葡园，春华秋实，还有绿色有机果蔬采摘园、乌海特色书画展览……走进阳光田宇国际酒庄，心中对自由的向往一触即发，仿佛自己身在诗中的意境。赏佳景品美酒，感受沙漠葡萄酒的独特魅力。

大热点关键词

酒庄内阶梯式的建筑物映入眼帘，是一座极其梦幻的欧式风格城堡。整座城堡随着地形的起伏而变换姿态。深入了解这座酒庄，就会发现它有很多的特别之处。

自然重力法葡萄酒庄。酒庄坐落于由北向南的缓坡上，自然的高度落差使它可以真正实施“自然重力法”酿酒工艺。这为葡萄酒行业的发展添上了新的一笔。整个厂区由前处理车间、发酵车间、储酒车间、研发中心、灌装车间、地下酒窖组成。自然重力酿造法思路贯穿整个生产过程，从葡萄原料到葡萄酒酿造、木桶陈年，直至完成灌装、瓶储。

全景参观。阳光田宇国际酒庄是一个圆梦的地方，每每当我们端起酒杯，思考这人间极品的出处时，总想要对葡萄酒的生产过程一睹为快。这里是第一家完全将生产和参观分离的酒庄，酒庄建设一条贯穿整个生产流程的参观通道，在这里您无需更衣消毒。只要通过洁净的玻璃通廊，所有生产流程都能尽收眼底，看着一瓶瓶葡萄酒从雏形开始变为佳酿，不仅满足了自己的好奇心，也着实是一种难得的体验。

生态园林式酒庄。酒庄不仅有梯田式葡萄园，还有因地制宜种植的枣树，郁郁葱葱的绿色林海，在阳光下掀起一层又一层的碧浪，宛如浩瀚的生命之海，孕育着天地的精华。庄园内的生态湖像是一面平镜，阳光随意地撒在水面上，反射出彩色的弧线，波光粼粼。水面下鱼儿游走，像是在嬉戏打闹一般。身处青山绿水之中，感受大自然带来的静谧吧！

酒庄地址：内蒙古乌海市海南区赛汗乌素生态园（海惠公路7.5千米处）

景区荣誉：国家AAAA级旅游景区、世界沙漠葡萄与葡萄酒产区精品葡萄酒庄、2016中国葡萄酒市场年度风云企业

酒庄门票：免费

预约电话：0473-6902971

www.tgty.cc

交通温馨提示

线路1：开车自驾行。开车走京藏高速G6，在海南、老石旦出口下，右转进入乌达—海南快速路，在铁路高架桥前左沿乡间小路到海惠公路，左转行驶至7.5千米处即到达。全程约20分钟。

线路2：飞机飞抵乌海机场，打车从机场路打车到达酒庄约50千米，约1小时。

线路3：坐火车到达乌海站或乌海西站。打车到酒庄约40千米，约45分钟。

百度地图导航阳光田宇国际酒庄

对于美好的事物，人总是没有抵抗力的，就像面对眼前这座阶梯式的酒庄，虽身未动，心向往之。步入恢宏典雅的法式主酒堡，一步一步踏上台阶，如同走向欧洲最唯美的古堡。法式酒堡区如入仙境，酒庄还有滨湖俱乐部区、红酒小镇区，身在其中，恍然间，原来这是沙漠中的绿洲。

在酒庄这么玩

进入大门，首先映入眼帘的是阶梯式自然重力法酒庄和法式主酒堡，沿参观路线分布有葡萄品种园、垂钓湖、阶梯式葡园、百果园、生态鱼养殖、枣园等，最后到达园区最高点——观景台，园区风光一览无遗。

走过葡萄园，被阶梯式葡园的创意所震撼。这是黄河沿岸原生态葡萄园的代表。

参观酿酒生产，通过精心设计的参观通道，您将看到葡萄酒生产的全部流程，解答您脑海中诸多的疑问，来一次就让您成为葡萄酒酿造达人。这绝对是您日后炫耀的超级武器。

内蒙古阳光田宇酒庄

赏佳景品美酒，
香韵旅程，用心开启。

扫一扫二维码，酒庄微信公众号看更多精彩。

左一图：这里因地制宜，建立梯田式葡萄园。生态工程建设覆盖整个园区，种植葡萄5000余亩，枣树1400亩，其他经济林300余亩，园林绿化1500亩，葡萄品种资源圃300余亩，生态人工湖300亩，绝对是休闲观光农业旅游的首选地。

左二图：户外垂钓烧烤，取于自然，便是最安心的美味。坐在帐篷中，三三两两开怀畅聊。将葡萄酒放在冰桶里，把白天摘下的水果做成沙拉，做成果汁，开怀畅饮。

右一图：酒庄烧烤区域面积很大，百十人一起烧烤都可以，场面热闹。

右二图：乌海市是全国著名书法城，在这里您将看到乌海籍书画家的书法绘画作品，同时还有各种独具民族特色的工艺品。喜欢收藏的朋友一定不要错过。畅游在诗情画意中，挑选几件独具民族特色的工艺品，心里装着的是远方无法亲临的伙伴，为他们带去不一样的礼物。

右三图：穿过百果林，品味果实散发的清香，园中采摘，乐趣无穷。

右四图：前往生态鱼养殖场，近距离欣赏了垂钓湖的静谧。最后游览到最高点——观景台，站在台上如同上帝视角，园区风光一览无遗。

阳光田宇国际酒庄美酒配美食，微醺酣畅

阳光田宇推出的自然酒是零污染、零添加、按自然重力法酿造的真正绿色有机健康饮品。乌海处于酿酒葡萄种植优势黄金地带。因为酒庄一如既往坚持原料好，酒才好，所以葡萄原料全部来源于阳光田宇农业公司，绝不外购一粒葡萄，而且每亩限产300千克，确保有机种植。再加上一流的酿酒工艺、优秀酿酒师的技艺和严格的管理，酒庄在葡萄酒大赛屡次获奖。其中，第七届亚洲葡萄酒质量大赛银奖1枚，而第八届大赛则获得金奖1枚、银奖3枚——内蒙古阳光田宇精品媚丽干白荣获金奖；阳光田宇珍藏梅洛干红2016、阳光田宇珍藏赤霞珠干红2015和珍藏赤霞珠干红2016获得银奖。另外，酒庄获2016年度中国葡萄酒市场金猴奖1枚；第一届世界沙漠葡萄酒质量大赛银奖1枚；第一届“一带一路”国际葡萄酒质量大赛银奖1枚。

酒庄里不容错过的酒

阳光田宇珍藏赤霞珠干红葡萄酒

葡萄品种：赤霞珠

酒精度：13.5%vol

酒呈深宝石红色，黑色浆果香、桶香，融合协调，平衡性好。入口饱满圆润，余味悠长。搭配红肉、烤肉类菜肴，口感更佳。

阳光田宇珍藏梅洛干红葡萄酒

葡萄品种：梅洛

酒精度：13.5%vol

酒呈深宝石红色，散发着成熟李子、樱桃的香味，果香浓郁，丝般柔滑的单宁质感使得酒体优雅，入口柔顺，后味醇厚丰满，回味悠长。搭配红肉、烤肉类菜肴，口感更佳。

意犹未尽还想带走的酒

阳光田宇珍藏西拉干红葡萄酒

葡萄品种：西拉

酒精度：13.5%vol

酒呈饱满的紫色，明亮有光泽，酒体散发出浓重的李子和黑莓果香，赋予了这款酒的独特之处。优雅、细腻的单宁赋予酒体很好的结构感，入口饱满、圆润，余味悠长，使人顿生愉悦之感。尤其与红肉、烤肉类搭配，更是绝配。

阳光田宇精选赤霞珠干红葡萄酒

葡萄品种：赤霞珠

酒精度：13.5%vol

酒呈深宝石红色，具有浓郁的黑色浆果香气和淡淡烤面包香气。入口圆润，单宁细腻，余味悠长。可搭配红肉类美食。

庄园私房菜

在母亲河——黄河中生长的鲤鱼，肉质细腻，体型肥美，烧烤的时候在火上翻烤几圈之后，便飘散出令人垂涎三尺的香味。略加调料便可上桌品尝，不用过多的味道调和，最正宗的黄河鲤鱼吃的就是最原始的味道，入口即香，细腻的肉质伴着略烫口的温度，让人爱不释手。

酒庄周边特色景点，计划不一样的线路游

★甘德尔山旅游区　距酒庄：约 12 千米

它是一个集历史人文、城建文化、自然山水景区为一体，且相互联系、相映成趣的综合性旅游生态景区。

★金沙湾生态旅游区 距酒庄：约 54 千米

当年成吉思汗攻打西夏时在此驻兵的风水宝地——乌海市国家 3A 级景区。夜幕下的金沙湾将您带进美妙无比的境地。

★蒙根花温泉水世界 距酒庄：约 60 千米

漫步在这里，吮吸着那沁人心脾的花香，迎着那和煦温暖的微风，躺在绿意盎然的草坪，领略世外桃源般的惬意，流连奇葩竞艳的韵味，体验飞鸟相还的仙境。

新疆天山北麓产区

新疆中信国安葡萄酒业 探访天山脚下的葡园

CITIC Guoan Wine

每个人心中都深藏着对新疆的想象，这里的每一寸土地都让人魂牵梦绕！新疆富饶而美丽、广袤而神奇，这里有光怪陆离的戈壁幻境、神秘莫测的沙漠奇观，有一泻千里的河流、万顷碧波的草原……也有世界著名的黄金葡萄酒产区——新疆天山北麓。中信国安葡萄酒业拥有的万亩葡园坐落在天山北麓，位于天山脚下。明媚清爽的空气，强烈炫目的阳光，让人想到了普罗旺斯。站在葡园，往南望，是终年积雪的天山。雪融化了，雪水沿着山谷汩汩下流，滋养着这片盛产美酒佳酿的葡萄乐园。

大热点关键词

中国葡萄酒历史悠久。中信国安葡萄酒业（简称中葡酒业）以尼雅产地生态葡萄酒再现了葡萄酒在"东方庞贝"——尼雅故国的昔日辉煌，让世人有机会近距离感受那飘荡千年的葡萄酒香。

天山脚下的葡园。站在葡园，脚下是一眼望不到边的葱翠的葡园，远处天山皑皑的白雪沐浴着明媚的阳光，在湛蓝的天空下显得格外耀眼，随手一拍便是绝美的风景。玛河葡园中种植着世界著名的酿酒葡萄品种，如赤霞珠、美乐、西拉、品丽珠、霞多丽等。如果赶上九十月份采摘季，您可以体验采摘过程，品尝酿酒葡萄不同于鲜食葡萄的别样风味。

探访玛纳斯厂——全流程一体化单体酒厂，亲临地下酒窖。葡萄采摘后立即被送往酒厂，经人工筛选，除梗破碎后，注入庞大的发酵罐中，开启葡萄酒的酿造过程。玛纳斯生产厂有世界最先进的葡萄酒酿造设备：真空气囊压榨、全流程温控发酵罐、卧式旋转发酵罐、橡木桶发酵、全自动灌装生产线等。地下酒窖占地面积6000多平方米，有橡木桶3000只左右，全部为法国细纹理木桶，用于储存培养优质葡园的葡萄酿造的葡萄酒。走过一遍，您才真正了解一瓶"好"葡萄酒的诞生历程。

葡萄架下品美食喝美酒。在厂区内有一条很长的葡萄长廊，由200多个鲜食葡萄品种搭建而成。每到9月份，葡萄架下品尝尼雅美酒和地道美食，还有热情的新疆舞蹈欢迎您。

酒庄地址：新疆昌吉州玛纳斯县乌伊路51号

景区荣誉：被《2017贝丹德梭葡萄酒年鉴》中文版评选为中国最具成长潜力酒庄

酒庄门票：60元/人、120元/人和220元/人三种票价，含酒品品鉴及礼品酒赠送

预约电话：0994-6633905

www.guoanwine.com

交通温馨提示

线路1：开车自驾行。若从酒庄出发去尼雅文化遗址，开车途经吐和高速、沙漠公路，到尼雅文化遗址约1284千米，约17小时。

线路2：飞机飞抵乌鲁木齐地窝堡国际机场。打车途径连霍高速。全程到酒庄约124千米，约2小时。

线路3：坐火车到玛纳斯站，打车到酒庄约7千米，约11分钟。或到乌鲁木齐站，打车上连霍高速同线路2。

百度地图导航新疆中信国安酒业

中信国安葡萄酒业，规模宏大，让人震撼。葡萄园在新疆天山山麓得天独厚的原生态葡萄种植产区，位于1990年联合国教科文组织设立的天山“博格达‘人与生物圈’保护区”范围内。身在其中如入仙境。清朝诗人王树楠也曾触景生情赋诗《望博格达山》，诗中写道：“世间冷尽繁花梦，天外飞来绰约仙。”

在酒庄这么玩

从建立之初至今，已走过20年的历程，中信国安葡萄酒业是新疆最大、最有名的酒庄。探寻尼雅故国，震撼于中国葡萄酒两千年文化。

葡萄架下，品酒、畅聊。桌旁美丽的维吾尔族少女翩翩起舞，更舒畅，更尽兴。

这一定是此生难忘的一顿美食美酒大餐。看看大家脸上的开心的笑容，就感同身受了。

新疆中信国安葡萄酒业

走进天堂级生态葡园，感受传承千年葡萄酒历史的尼雅佳酿。

扫一扫二维码，酒庄微信公众号看更多精彩。

左一图：参观玛纳斯生产厂和地下酒窖，脑子里会立刻冒出一个词“专业”。世界级专家酿酒师、中信国安葡萄酒业首席酿酒师弗莱德·诺里奥（Fred Nauleau），出生于法国酿酒世家。他秉承和发扬法国传统葡萄酒酿造风格，加以世界领先的葡萄酒酿造技术，淋漓尽致地展现了新疆天山北麓产地风土和得天独厚的地域特征，赋予了葡萄酒独特神韵。

右一图：每一颗葡萄都在纯净无污染的原生态环境环境中沐浴着明媚的阳光，呼吸着纯净的空气，茁壮成长。

右二图：著名葡萄酒作家杰西斯·罗宾逊在《世界葡萄酒地图》写到“北纬44°为酿酒葡萄黄金纬线”。而新疆天山北麓玛河葡园小产地生态葡园与同处此纬度的法国波尔多、美国加州并称为“世界三大天堂级葡萄产区”。天堂级，只有身临其境才可体会。这里处于450~1000米的海拔。高海拔的阳光中紫外线含量高，促使葡萄果皮中生成更为丰富的花青素，给葡萄酒带来卓越的色泽和丰富的风味物质，呈现出均衡复杂的酒体结构，极具陈年潜质。每年9~10月采摘的时候，开启了忙碌而快乐的季节。

右三图：来中葡酒业，与其说是旅游，不如说是来探秘葡萄酒的诞生历程。这里有世界先进的葡萄酒酿造设备，管理严格。

右四图：每一款葡萄酒都经过葡萄酒实验室专业工作人员的检验，保证安全、健康、高品质。

尼雅遗址中现存的千年酿酒葡萄根木

中信国安葡萄酒业发起的“探寻尼雅神秘之旅”

Chateau DaTang XiYu

北纬44°，阳光灿烂的地方。走进这美丽的庄园，走进这诗一样的地方，能令每一位游客的心情愉悦起来，尽情享受一段在新疆大唐西域酒庄愉悦优雅的美妙时光。酒庄的园区自然风光独特，背依天山山脉，腹临丘陵起伏的草原，进入园区给人一种如临仙境的感觉。这里拥有发展葡萄酒酒庄得天独厚的气候土壤条件与自然风光，是全世界最适宜发展葡萄酒产业的三大产区之一。庄园还引进了英国的名贵马种和汗血宝马。来这里吧！这里美酒飘香，这里骏马奔腾。

大热点关键词

新疆大唐西域酒庄是具有中国西部特色的、国内一流的集葡萄种植、葡萄酒酿造、葡萄酒庄文化及丝绸之路旅游为一体的有机绿色环保的酒庄。它地处北纬44°，光热充足，干旱少雨，依靠天山冰雪融水灌溉。这里零工业污染，零化学肥料，雪山融水灌溉。标准示范葡萄园、万吨酿酒厂、地下酒窖、品酒会所、国际赛马场、采摘、垂钓、农业观光……硬件设施样样专业，还有老师指导。这里是葡萄酒爱好者、马术爱好者、垂钓爱好者的旅游好去处。

进入园区给人一种如临仙境的感觉，神奇似梦，壮美如虹。这里呈现出崭新诱人的风姿。浪漫温馨的美酒美景组成最美的时光、最美的画卷。酒庄像一枚精心雕琢的玉，温润细腻。它还是一处天然氧吧，绿色清新。

大唐西域会所是城市中各界人士品酒、聚餐、会议、休闲的理想场所。外部建筑简约大气而包含丰富的人文内涵。内部典型的古典欧式风格，以华丽的装饰、浓烈的色彩、精美的造型达到雍容华贵的装饰效果，使得会所高贵而典雅，奢华之中不失含蓄，厚重之中包含智慧！

这里有专业的新疆大唐西域马术俱乐部。场内跑场有3条，长1000米、宽10米；训练场地3块；比赛用地1块。这里有马场有5种以上的良种马共计30余匹。春、夏、秋季的周末，这里有不定期的赛马活动。“感受时尚马术魅力，品味尊贵骑士生活。”新疆度假天堂里绝无仅有的骑士之家。

酒庄地址：新疆昌吉州呼图壁县五工台镇中渠村6院

景区荣誉：新疆酒庄龙头企业、生态园示范区

酒庄门票：免费

预约电话：18909946688

交通温馨提示

线路1：开车自驾行。若从乌鲁木齐市出发，开车途经连霍高速，然后进入呼图壁立交，再进入天山雪大道，最后进入S115，行驶10.1千米。从离开S115到酒庄行驶5.9千米。

线路2：飞机飞抵乌鲁木齐地窝堡国际机场。打车途径连霍高速、S115。到酒庄全程约80千米，约70分钟。

线路3：坐火车到玛纳斯火车站（疆内线路），打车到酒庄约53千米，约46分钟。或到乌鲁木齐火车站，建议转乘K9765坐约2小时火车到玛纳斯火车站。

百度地图导航新疆大唐西域酒庄

新疆大唐西域酒庄位于呼图壁县10万亩生态葡萄酒产业园区，属于全世界最适宜发展葡萄酒产业的天山北麓产区。酒庄葡萄园在呼图壁县黑娃山以东、312国道88千米处以南、龙王庙村以西、独山子村以北，占地约1万亩。葡萄园一望无垠，背依天山山脉，众多葡萄品种宜在此生长。

在酒庄这么玩

走进新疆大唐西域会所，苍劲有力的“大唐西域酒庄”镶嵌在中央大厅的形象墙上，这是由著名书法家李刚田先生所题。

酒庄的车间就有5000余平方米。生产车间拥有60吨平底发酵罐50个。

酒窖里全新的橡木桶有很多很多，让人震撼。为了酿好酒，酒庄不惜血本。

在酒窖品鉴屋品酒，环境很有感觉，酒庄的葡萄酒香气复杂多样。心静如水，静静品尝，可以体会葡萄酒更多的妙趣。

En ce chapitre
de l'ordre des
Hospitaliers de Pomerol
Les Dignitaires ont reçu
serment de Reconnaissance et de Fidélité
à notre vin de
Monsieur Deming Tang
Ce pourquoi ils l'ont élevé à
la dignité de
Hospitalier d'Honneur
et délivré céans le présent brevet scellé aux
armes de la confrérie des
Hospitaliers de Pomerol

新疆大唐西域酒庄

大唐西域，
酒庄传奇！

扫一扫二维码，酒庄微信公众号看更多精彩。

左一图：大唐西域酒庄庄主唐德明先生荣获法国葡萄酒骑士勋章。

右一图：葡萄园之大，开车还需十几分钟。一年四季，展现出一个活生生的世外桃源，风景很养眼。

右二图：新疆大唐西域马术俱乐部始建于2008年，是目前新疆屈指可数的集马术训练、表演比赛以及健身休闲度假为一体的标准型、综合性马术训练表演基地。总占地面积达1000余亩，绿地面积在800亩以上。这里有英国的名贵马种和汗血宝马。马通人性，温润人心。摩拳擦掌尝试一番策马奔腾的潇洒吧！

右三图：这是中国葡萄酒资深营销专家王德惠莅临酒庄指导工作。每一次专家们莅临酒庄都对葡萄园的管理给予高度的肯定。

右四图：大唐西域会始建于2013年，走进会所，苍劲有力的“大唐西域酒庄”镶嵌在中央大厅的形象墙上，这是由著名书法家李刚田先生所题。会所包括了中餐厅3间、西餐厅2间，客房16间。无论是品酒、聚餐，还是会议、休闲，这里的休闲设施完备，是城市中各界人士的理想场所。

酒庄里不容错过的酒

大唐西域·典藏

葡萄品种：赤霞珠70%、美乐30%

酒精度：14%vol

大唐西域·典藏2015荣获RVF中国优秀葡萄酒2017年度大奖——干红葡萄酒系列铜奖；荣获RVF中国优秀葡萄酒2017年度大奖——最佳性价比奖。

酒呈明亮的红宝石光泽。闻之有浓郁的黑色水果香气和紫罗兰香气。入口略带橡木、烤面包的味道。口感顺滑细腻。酒体平衡，余味悠长。

值得一提的是大唐西域·典藏所用的酿酒葡萄产自300千克限产葡萄园。葡萄园里的葡萄不仅是良种苗木，而且葡萄园依托零工业污染，零化学肥料，雪山融水灌溉的天然绿色环境，完全有机种植。

大唐西域·珍藏

葡萄品种：赤霞珠70%、美乐30%

酒精度：13%vol

深红中透着红宝石的光泽。闻之芬芳的香气和丰富的水果清香让人迷醉。入口柔滑而温和，余味悠长。这款酒所用的酿酒葡萄来自500千克限产的葡萄园。

意犹未尽还想带走的酒

大唐西域·优选2015

葡萄品种：赤霞珠70%、美乐30%

酒精度：14%vol

荣获2016年新疆首届丝绸之路葡萄酒大赛最具性价比奖。酒呈艳丽的深宝石红色泽。它的性格突出，酒味集中。优雅的橡木香气中融合馥郁黑色水果香气，酒体丰厚，入口芳醇，耐人寻味。

亚中荣誉

葡萄品种：赤霞珠70%、美乐30%

酒精度：14%vol

酒呈深红色中带有墨黑色调，透着成熟的水果香气，酒体鲜明，是美味的水果和优雅的单宁的双重表达。

庄园私房菜

这里有地道的新疆美食。除了的烤羊肉串和大盘鸡，手抓肉，名副其实，新疆人民吃的时候一定是上手的才够香。椒麻鸡也是一绝，与酒搭配更是和谐。

酒庄周边特色景点，计划不一样的线路游

★新疆民俗食帛园　距酒庄：约 17 千米

这里体现了新疆 13 个少数民族特色饮食文化，是以新疆独特民族建筑园景为主题的大型旅游度假场所。在感受舌尖上的美食之后，民族建筑园景又让您体验视觉盛宴。

★天山第一漂　距酒庄：约 34 千米

体验激情漂流，畅享夏日乐趣，是距离乌鲁木齐市区最近、河道最长的皮划艇漂流。有别于传统的漂流项目，漂流河道位于呼图壁县石梯子乡的呼图壁河上，新疆独有的双漂流河道，游客可以下游休闲自助漂流，上游自己挥桨漂流，体验天山雪水带来的刺激与清凉。

★康家石门子岩雕刻画　距酒庄：约 65 千米

位于昌吉州呼图壁县的天山深处，两条山溪汇流处的西北岸，隐藏着一处独特的千年岩画，画面栩栩如生。康家石门子岩雕刻画是一幅国内及世界罕见的生殖崇拜岩画。

新疆东部产区

新疆新雅雅园酒庄
来一次诗与远方优雅之旅

Chateau Xinya

新疆新雅雅园酒庄，像一个优雅、美丽的西域美女，散发着迷人芬芳，让人陶醉。走吧！去遥远的哈密，那里有诗和远方，那里因为有了雅园酒庄，便不再是戈壁狂风烈日风沙，我踏上寻香路前往雅园酒庄，感受曲径通幽处的静谧。雅园酒庄是戈壁滩上的绿洲，在这里您可走进欧式风情的酒庄。来一次与雅园酒庄慢慢酝酿追求完美的亲密接触，亲临这里酿造出的新雅葡萄酒有着欢快而协调、鲜活而灵动的气质，在美酒的滋养中，陶醉着、幸福着……

大热点关键词

新疆，特色风土成就特色葡萄酒。新疆哈密，阳光炽热、戈壁辽阔、民风淳朴。这里位于北纬40°~45°之间，地处世界葡萄酒黄金纬度带，天山横亘其中，地形独特，226条天山冰川带着丰富的矿物质流入葡园。富含钙类物质的棕漠土，是葡萄根系自由呼吸、吸收养分的乐园。就在这里，有一家**在哈密地区唯一获批的自治区级休闲观光示范点的酒庄，名叫新疆新雅雅园酒庄。**

来到雅园酒庄打开新雅葡萄酒都能回味与体验一种来自新疆哈密的风土人情，自然纯粹、自在自由。新雅葡萄酒的美在于它是一瓶酒，又不仅仅是一瓶酒。自然色系中，它是宝石红、琥珀金、葡萄紫，是浓缩在时间里的色彩，是一种讲述者的怀旧语言。心静，思远行，境，自然来。

亲子自酿酒，体验一支葡萄酒诞生的乐趣。在这里，您可以认养您喜欢的葡萄树，全家一起采摘，一起和酿造来一次最亲密的接触。还有桑葚采摘自酿活动、野菜采摘活动，采摘乐趣多，走进自然，收获快乐。

自助休闲烧烤，烤肉配酒完美。烤羊肉串在新疆是最有名的民族风味小吃，现烤现吃，搭配新雅臻选干红或是酒庄最特别的新雅白兰地，真是过瘾!

雅悦广场许愿池许下一个美好的心愿。许愿池有一个200年的历史石磨，在边心石的窝孔塞进一些零钱，还可以捐助贫困灾区的孩子们或其他慈善。

酒庄地址：新疆哈密石油基地农副产业园区祥和路24号

景区荣誉：自治区级休闲观光示范点

酒庄门票：20元/人（含用茶）

预约电话：13899339717

www.xinya-xj.com

交通温馨提示

线路1：开车自驾行。若从哈密市出发，途径内部道路、建设东路、八一北路，到达酒庄约10千米，约20分钟。

线路2：飞机飞抵哈密机场。打车到达酒庄约27分钟，约18千米。或飞抵乌鲁木齐地窝堡国际机场，再转乘火车D8804，3小时14分钟到达哈密，再打车到酒庄约7千米，约13分钟。

线路3：坐火车至哈密站，打车到酒庄约7千米，约13分钟；或至哈密南站，打车到酒庄约18千米，约32分钟。

高德地图导航新疆新雅雅园酒庄

新雅独特的东天山—山地小产区以天山横亘其中的独特地形，累积层次丰富的气候资源。低纬度沙漠气候，极端温差和干旱少雨使酿酒葡萄天然有机，能孕育气质出众的新雅葡萄酒。站在酒庄的观景平台，俯瞰酒庄全景。欣赏远处雪山的壮丽，近处酒庄的雅致，让人心胸豁然开朗。

在酒庄这么玩

在酒庄的一年四季玩得都很嗨。夏秋，更是酒庄旅游旺季。夏季采摘自酿亲子活动，秋季，见证酿酒全过程，采摘乐趣爽。

一年随时参加葡萄酒大讲堂，葡萄酒，并不只是一种饮品，更是一门艺术。

春天参加花会开主题活动。葡萄开墩节、绑葡萄、挖野菜各种体验，乐趣多多。

冬季依然活动多多，参加大约在冬季系列活动，还有新酒品鉴活动，让爱酒懂酒的人，体验葡萄酒不同阶段的不同风味。

新疆雅园酒庄

自在自由"慢"生活，
甜蜜之都"醉"自然。

扫一扫二维码，酒庄微信公众号看更多精彩。

左一图：每年4月开始，新雅雅园酒庄都会开展葡萄树认养活动，9月至10月开展自酿酒活动。说到葡萄酒，人们总会想到爱情，在新雅这个浪漫的酒庄来过有很多有才华的人。曾有人写道：成就爱情，犹如酿造美酒，只要爱和你，陪我度过一棵葡萄树的春夏秋冬！春有破土抽芽的期待，夏有绿荫挂果的兴奋，秋有丰收的喜悦，即使到了了无生机的冬日，能在闲暇时光，看那杯中摇曳，抿一口你我辛勤酿造的芬芳，也是美得醉了！

右一图：酒窖目前有600多只橡木桶，最高端的葡萄酒都藏在这里。值得一提的是，白兰地桶储时间为7年。

右二图：雅音亭和雅悦亭是酒庄里的两座木屋，音是"知音"，悦是"愉悦"，是雅园特色餐饮包厢。包厢名因我们的两款葡萄酒：雅音甜红葡萄酒、雅悦干红葡萄酒而命名。在这里来一杯新雅甜白，心情像这美酒一样美丽、甜蜜！酒庄不仅有葡萄藤，还隐藏着榆树、绿篱、红枣树值得挖宝。榆树寓意榆树钱，中国民间有吃榆钱的习惯，榆钱是榆树种子。绿篱生财护财，既有观赏价值，又能治吐血、崩漏诸症。红枣树的枣谐音"早"，寓意一日之计在于晨。

右三图：采葡萄、选葡萄、捏葡萄、摘辣椒、荡秋千、捉迷藏、喝葡萄果汁、饮葡萄籽豆浆……

右四图：亲子时光自酿酒DIY，他们都非常专注。之后，还有别出心裁的卡通作品，做成酒标很精彩。

新疆新雅雅园酒庄美酒配美食，微醺酣畅

2012年，新雅葡萄酒被推选为第三届亚欧博览会的合作伙伴，被授予亚欧博览会指定高端馈赠用酒荣誉称号。最让新雅人备受鼓舞的是2015年新雅珍藏干红葡萄酒献礼博鳌亚洲论坛。作为亚洲最具影响力的高端经济对话平台，博鳌论坛的每一个细节都备受世人瞩目。新雅珍藏干红成为博鳌亚洲论坛2015年年会“亚洲新未来：迈向命运共同体”主题会议用酒。新雅酒业总经理欧树彬先生、副总经理兼技术总监刘荣刚先生出席了此次2015年博鳌亚洲论坛海南主题会议。

十余年来，新雅酒业始终坚持做优质葡萄酒的浪漫情怀，让品牌赋予葡萄酒生命，不辞劳苦，默默坚守，诚实本分，用时间和专注来酿造好的葡萄酒。

酒庄里不容错过的酒

新雅3L橡木桶干红

葡萄品种：赤霞珠

酒精度：13%vol

该酒色泽纯正靓丽，深红色酒体中散发着诱人的黑加仑等成熟浆果气息和优雅橡木香。入口圆润细腻，丝丝甘甜，回味悠远，以法国橡木桶陈酿3年精制而成。

新雅典藏干红

葡萄品种：赤霞珠

酒精度：13%vol

酒呈悦人的深宝石红色，浓郁的陈酿醇香，成熟的浆果香气和橡木气息相融合协调一致，酒体饱满，口感平衡细腻，余韵绵长，以法国橡木桶陈酿5年精制而成。

意犹未尽还想带走的酒

新雅霞多丽甜白

葡萄品种：霞多丽

酒精度：10.5%vol

选用东天山脚下新雅有机葡萄园中优质霞多丽，采用特殊工艺精制而成，酒体呈迷人的禾秆黄色，果香优雅细腻，具有苹果和香蕉的味道，鲜明浓郁，酒体活泼，口味协调爽净，回味芬芳雅致。

庄园私房菜

新疆雅园酒庄用健康的红酒结合有机食材。推荐新雅白兰地搭配白兰地烤肉。白兰地酒体的饱满像极了它的铮铮铁骨，风驰电掣的激情，使其口感如同它被蒸馏出的那一刻开始一样凛冽！而高贵的出身就决定了，那花香果香跟随着它，永不会烟消云散，直到遇见或甜美或酸爽的水果，它才像是铁汉跌进温柔乡，竟也开始享受生命中的安静与稳妥……巴里坤的好羊肉现场烤，再用新雅最好的白兰地精心腌制，火候恰到好处，美味芳香四溢。

新雅金钻干红

葡萄品种：赤霞珠

酒精度数：13%vol

酒呈优雅的深红色，具有黑加仑、黑醋栗等黑色浆果香，酒体醇厚协调。曾获2008年亚洲葡萄酒质量大赛金奖和2013中国优质葡萄酒挑战赛最佳性价比奖。

酒庄周边特色景点，计划不一样的线路游

★哈密回王府　　距酒庄：约10千米

哈密维吾尔族首领额贝都拉摆脱准噶尔部归附清朝后修建，于康熙三十八年（1699年）秋费时7年方竣工。王府规模宏大，建筑构造既有伊斯兰古典建筑的艺术风格，又融合了汉族建筑艺术特点。

★白石头风景区　　距酒庄：约65千米

南面几千米处就是天山北坡，与东山主峰喀尔里克峰遥遥相对。这里景色醉人。夏秋之季，绿草如茵，野花竞放，泉水淙淙。羊群像飘动着的朵朵白云；松林里点缀着座座毡房。傍晚牛羊归圈，炊烟四起，奶茶飘香。风景区分布着许多古寺庙和古文化的遗址。

★哈密魔鬼城　　距酒庄：约70千米

来哈密（魔鬼城）雅尔丹地貌生态园进行大漠自然生态探险游，您可以充分体味到大漠“最后一片净土”的宁静，在这里寻古丝路北道，观阿拉伯石堆，还能看到独有的神奇大漠奇观。

吉林酒庄旅游
热点推荐
东北产区
鸭江谷酒庄
特色冰葡萄体验之旅

Yajianggu Winery

鸭江谷酒庄位于素有“塞外江南”之称的集安市鸭绿江河谷产区。山峦蜿蜒起伏，线条柔和，江水汩汩流淌，风光旖旎。青山绿水间布满山葡萄，春发夏长秋收，到了冬天依旧在雪中傲霜。大自然赐予了这里一份厚礼，鸭绿江河谷产区是世界上独一无二、不可复制的山葡萄冰酒的优势产区。酒庄与中国农业大学合作，建立山葡萄酒研发中心。山葡萄酒的品质、加工工艺具有鲜明的中国特色，是真正的“中国的味道”。北冰红冰酒更是香气复杂浓郁，口感圆润肥硕，余味悠长，让人陶醉。

大热点关键词

鸭江谷酒庄位于景色优美，气候宜人的国家级环境优美乡镇——青石镇。**这里是著名的“中国山葡萄之乡”。**鸭绿江河谷产区东南起于集安市活龙镇，西北至青石镇，沿鸭绿江左岸呈扇形分布，距丹东入海口直线距离百余千米。北依长白山老岭山脉，由于背风向阳以及受海洋暖湿气流影响，这里成为独特的小气候区。好风土孕育好酒，**鸭绿江北冰红和威代尔冰酒广受好评。**

酒庄前望鸭绿江江水，背倚长白山山脉，山环水抱，山水相通，和自然美景融为一体。鸭江谷的美是自然的美，山的庄严肃穆，水的灵性飘逸，再加上规整划一的葡萄园和散落在园里的果树，**让酒庄一年四季，美景交替变换，而串串北冰红葡萄在这冰天雪地下成了最亮丽的风景。**

进入酒庄大门，首先映入眼帘的是圆形的观景平台。这里可以领略酒庄全景，还可以在此品尝地方特色美食与冰葡萄酒，别有韵味。从这里可以走到鸭绿江江边。鸭绿江（云峰水库库区）对面就是朝鲜的原始风光。酒庄“L”形的主体建筑颇有地域特色。一、二层是配有自助餐厅和歌厅的豪华宾馆与会议大厅，负一层是冰葡萄酒加工车间（前处理车间、发酵车间、储酒冷库、灌装车间）与酒窖。

在鸭绿江休闲垂钓，拉网捕鱼或游艇观光朝鲜边境风采，异国风情，别有情调！这里的篝火晚会热闹非凡，野外露营和石板烧烤等，亦别具特色。

酒庄地址：吉林省集安市青石镇石湖村

景区荣誉：2016中国葡萄酒行业年度最具魅力/潜力酒庄评选中荣获“潜力酒庄”称号

酒庄门票：40元/人（北冰红冰酒或威代尔冰酒一款）；65元/人（北冰红冰酒或威代尔冰酒两款）

预约电话：0435-6674431

交通温馨提示

线路1：开车自驾行。自集安市出发，驾车沿集青线、085县道行驶约64千米处即是。酒庄地处青石镇政府所在地北40千米。

线路2：飞机飞抵通化三元浦机场。打车到达酒庄约155千米，约3个半小时。

线路3：坐高铁直达沈阳高铁站，后转乘沈阳至集安长途汽车。从集安市客运站乘坐“集安-石湖”线客车到终点站。

百度地图导航鸭江谷酒庄

不论哪个时节到酒庄，绵延的群山起伏如波浪，山坡上的葡萄是这波浪的点缀。在春夏时节是绿色的海洋，随着山体起伏，在雾霭缭绕的时候，绿色氤氲如霞。到了秋天葡萄熟了，葡园飘香。而在隆冬时分，冰雪之中穿行在葡萄园中，天地纯净，果实依然在枝头，等待采摘的那一刻。

在酒庄这么玩

酒庄大门，巨大的古木横卧摆放在两块根艺之上，几个醒目的木雕字“鸭江谷酒庄”映入眼帘，颇有中国味道。

主体建筑风格中西合璧。白色的墙，蓝色的屋顶，层层叠加，高低错落。

葡园深秋本是采摘的季节，只有产冰葡萄的酒庄串串葡萄挂枝头，等待隆冬。葡萄成为小“冰球”，才到了采摘时间。

站在观景台上俯视葡园全景分外壮观，在晴天丽日下，绿色如波浪清新婉丽；在雾霭缭绕的时候，绿色氤氲如霞。

鸭江谷酒庄

品冰红美酒！
享天然氧吧！

扫一扫二维码，酒庄微信公众号看更多精彩。

左一图：最独特之处是隆冬时节，千里冰封，银装素裹，葡萄架上还有一串串紫色的葡萄挂在那里。冰雪之中，走在葡萄园中别有一番意趣，想象一下它们酿成冰酒的感觉。比利时布鲁塞尔国际葡萄酒大赛组委会主席卜杜安·哈佛来访时赞扬道："做一款伟大的酒都有一个共性，一定要有良好的微小气候，而且还要有美丽的景色。这里的一切无法用语言形容，美不胜收！另外还要有大自然的恩赐，我们能看到这里自然的雪能让空气净化，所以这里的空气是特别纯净的。然后把所有这一切赋予在一款酒中，尽管每个消费者都不一定来这里享受，但通过这款酒可以把美景带到消费者的面前，这是非常重要的。"

右一图：冬天手挽筐篮，脚踏深雪，采撷串串冰冻葡萄，过瘾！

右二图：在酿酒室品尝冰酒。冰酒甜自苦寒来。葡萄经过天然冰冻，严格到达零下8℃的时候采摘。葡萄水分很少，糖分很高，所以冰酒甜蜜，芳香馥郁，堪称葡萄酒之珍品。

右三图：这里种了片片果园。不论春夏秋冬，生机勃勃，这山这水这果园相得益彰，是最天然的风光和美味。

右四图：石板烧烤别处不多见。石板因受热均匀，烤豆腐，表面金黄，入口滑润。烤的肉片柔滑细腻，美味无比。喝冰酒，吃烧烤，一个字"美"。

鸭江谷酒庄美酒配美食，微醺甜畅

独欺傲梅向晚冬，
笑叹秋实无功名。
豪情尽染鸭江雪，
中华酒魂北冰红。

这就是中国的冰酒，为之自豪的冰酒。在世界最大规模的葡萄酒比赛——2017品醇客世界葡萄酒大赛中，鸭江谷酒庄威代尔冰酒2014以98分获得铂金奖，被评为亚洲最佳甜型酒。这说明通化产区的冰酒已达到了世界顶级水平，通化产区发展潜力不容小窥。

说起冰酒，和餐搭配妙不可言。冰酒与甜品是天生一对。冰酒的甜度和浓郁度都非常高，甜酸平衡，因而喝起来惊人地优雅芬芳，成熟浓郁的水果风味有绝佳的深度和复杂度。而冰酒与鸭绿江江鱼是不搭调的绝配，冰酒饱满肥硕的酒体配上鲜美入味的江鱼，极端对比带来的不是味道的相互抗衡，而是更深刻的味觉享受。冰酒与川菜是冰山与火焰的绝配，这可是喜欢吃辣的人的好消息。因为它清甜的口感，不会影响川菜辣味的特点，还有助于两者之间互相提升口感。在冬季，喜欢吃川味火锅的人增多，这时候佐以一杯香甜的冰酒，相信您会得到不一样的惊喜感受。

酒庄里不容错过的酒

鸭江谷威代尔冰酒2014

葡萄品种：威代尔

酒精度：10%vol

酒呈金黄色。异域风情的蜜渍桃香扑面而来，杏子、橘皮和橘子酱的香气紧随其后。口感圆润，充满明快而浓郁的芒果、菠萝风味，以奔放的荔枝果味及丰腴的糖浆滋味收尾。

鸭江谷北冰红冰酒2014

葡萄品种：北冰红

酒精度：9%vol

酒呈深紫红色。香气浓郁，如蜂蜜、红枣、果脯和薄荷的香气。入口酸甜较平衡，略甜腻，口感圆润、肥硕，余味悠长，口香以干红枣和果脯为主。

庄园私房菜

这里有极具地方特色的美味佳肴。高丽火盆、炭火烧肉，是烧烤的味道，新鲜的食材烘烤出诱人的香气，令人垂涎。像高丽火盆，大火熊熊的炭盆上面是平底铸铁锅，锅里用肥肉铺底，然后是一层豆腐，接着是一层黄豆芽，再往上加调料炒香的猪皮、猪瘦肉、黄花菜、牛肉、牛肚、板筋、狗肠、蘑菇、青椒，最上面是米肠，吃得过瘾。铁锅炖江鲤鱼用最原始的农村火灶铁锅，新鲜的鸭绿江野生鲤鱼，配以简单的调味料，焖足时辰出锅，独有的鲜香令人垂涎，可搭配干红、冰红。

酒庄周边特色景点，计划不一样的线路游

★龙山湖　　距酒庄：约 15 千米

国家 3A 级旅游景区，由中朝两国的界江——鸭绿江拦截而成。湖内峦峰翠微，山清水秀，兼有石林之峻峭，三峡之烟云，雁荡之怪石，江南水乡之秀美。

★云峰湖旅游景区　　距酒庄：约 16 千米

国家 3A 级旅游景区，由以“界河明珠”之称的云峰发电厂、象征中朝友谊纽带的云峰大坝和大坝截流形成的人工湖组成。云峰湖两岸青山耸立，峡谷深澈，两岸异域风情尽显眼前。

★长白山迷宫　　距酒庄：约 37 千米

国家 3A 级旅游景区，是由 6 亿年前水蚀石灰石构成的半地下式岩溶溶洞。是一处溶洞游览、科考探险、休闲观光的绝佳去处。

★五女峰国家森林公园　　距酒庄：约 44 千米

国家 4A 级景区。这里大约有 30 座山峰，其中以五女峰最为壮观。山峰秀美如画，在各种植被覆盖下婀娜多姿，四季变换。有山泉叮咚，有瀑布飞流，美不胜收，野趣横生。

东北产区

通天雅罗酒庄
鸭绿江畔探秘山葡萄的故乡

Chateau Yaaru

到通天雅罗酒庄，绝不仅仅只是为了享受一片葡萄园风光和品味长白山野生山葡萄酒的醇香。酒庄位于长白山区集安麻线乡，毗邻鸭绿江。奔腾的鸭绿江水如碧绿的翡翠，给酒庄增添了无穷魅力。因与“鸭绿”谐音，故取名“雅罗”。酒庄与朝鲜民主主义人民共和国的满浦市隔江相望。在这里，您可以感受一江之隔的异国风情。酒庄内的山葡萄酒展览馆，完整地记录了长白山野生山葡萄酒的历史传承技艺……集安是山葡萄的故乡，隆冬大雪时葡萄架上紫色的精灵挂在冰天雪地中，别有意趣。

大热点关键词

通天雅罗酒庄古朴而时尚，雅罗之旅必将成为一次集生态游、风光游、边境游、民俗游于一体的幸福之旅、难忘之旅。**酒庄建筑颇具汉唐建筑风格。**看上去造型简单但线条流畅，整体感觉如同镶嵌在碧绿的葡萄园里一朵牡丹。雅罗酒庄的美在于它打破了酒庄欧式建筑风格的传统理念，结合了当地民俗文化，所以建筑风格与地域文化相得益彰。

这里有中国唯一一座山葡萄酒博物馆。山葡萄是成就雅罗酒庄的天赐物产。博物馆向人们传达山葡萄的特性和山葡萄酒的内涵。它运用先进的科技将山葡萄的特性和山葡萄酒的酿造工艺展示在人们眼前。立足此地，展望世界，葡萄酒爱好者又多了一个把玩之品。**而山葡萄酒文化产业园不仅能传播文化，还有3.9万吨的产能。**

这里有距离地面深达9.8米的地下酒窖，与山葡萄酒博物馆浑然一体。它是葡萄酒休眠的温床。酒窖中橡木桶群壮观堆叠，空气中弥漫着木香酒香，到品酒区小酌一杯甘醇的美酒，是一种尊贵的享受。

山葡萄园觅趣。沿着鸭绿江畔，走在蜿蜒的山路上，随处是山葡萄的踪迹。参加中秋葡萄采摘节，逐个认识它们，葡萄家族里又多了一些成员。葡萄园内花木多样，景观四季变换，极富天然意趣。如同镶嵌在碧绿的葡萄园里。

这里的葡萄园主题婚礼、室内特色主题婚礼、酒窖婚纱摄影别具浪漫气息；参加室外篝火晚会非常尽兴。

酒庄地址：山葡萄酒文化产业园在吉林省通化市通化县团结路2199号，酒庄在集安市麻线乡建疆村

景区荣誉：国家4A级旅游景区、吉林省工业旅游示范单位、吉林省五星级休闲农业企业、“通化十景”之一

酒庄门票：60元/人

预约电话：0435-5052199

www.tontine-wines.com.hk

交通温馨提示

线路1：开车自驾行。走集锦线，出高速进入迎宾路，行驶2.7千米，直行进入集丹线，行驶4.1千米，即到酒庄。

线路2：飞机飞抵通化三源浦机场后，换乘机场大巴至通化市后，打车至酒庄约55千米，约50分钟。

线路3：坐火车至通化，打车约24千米，约半小时到酒庄。或火车站坐通化一快大（县交警大队方向），广电大厦下车

百度地图导航雅罗酒庄

通天酒业，国内较大的葡萄酒生产商之一。通天山葡萄酒文化产业园是国家4A级旅游景区，旗下的雅罗酒庄有如仙境一般。游酒庄，俨然就是美轮美奂的梦幻之旅。酒庄为汉唐建筑风格，打破了酒庄欧式建筑风格的传统理念，结合了当地民俗文化，建筑风格与地域文化相得益彰。

在酒庄这么玩

约上三五好友一起来雅罗酒庄沐浴天然氧吧。“苍藤蔓，架覆前檐，满缀明珠络索园”，感受美景，更体会收获的乐趣。

品酒区可容纳50人，由品酒师指导，为游客开启一扇感受山葡萄酒的大门。

采摘时节，和穿着民族服装的姑娘们一起，收获满满，其乐融融。

青山绵延，绿水荡漾，日照充足，山葡萄漫山翠绿，呼吸着山间纯净温润的空气，这些都为山葡萄酒铺垫出独特的风土。

雅罗酒庄

品味通天好酒，
乐享鸭绿阳光！

扫一扫二维码，酒庄微信公众号看更多精彩。

左一图：一场大雪刚过，和爱人或知己漫步在山葡萄园，尽兴时盘腿打坐。眼前风光旖旎，空气清新，酒意微醺之时，酒力缓缓释放令人兴奋。于是，就在大自然中释放一下吧！

右一图：宫殿般的地下酒窖对于热爱葡萄酒的人们来说是极大的诱惑。陈列着上千支法国布多昂（BEAUDOIN，1892）品牌的225L橡木桶，场景蔚为壮观。

右二图：《新神雕侠侣》中扮演李莫愁的台湾著名演员孟广美多次来酒庄旅游，和大家一起品尝私人收藏山葡萄酒。对于乐于动手的人们而言，DIY一款私人葡萄酒是一种无上的乐趣，看着葡萄在自己的手中化为酒汁，仿佛融入了自己的性情，再贴上独有的LOGO，非常值得拥有！

右三图：游玩感觉疲惫时，随时可以到丽园商务休息，丽园商务是集餐饮、住宿、娱乐、会议、超市为一体的商务酒店，共有50间客房，酒店能同时接待200人旅游就餐，非常适合一两百人组团旅行。

右四图：晚上，如果和您一起来的朋友们人数多可以在酒庄的酒店外举行篝火晚会、歌舞表演、烤全羊。人数少可以BBQ自助烧烤，放松心情，欢声笑语，度过难忘的夜晚。

探秘通天山葡萄酒文化科技产业园

通天山葡萄产业园位于美丽的国家卫生城、文明及生态县城——通化县快大茂镇。产业园隶属于拥有“农业产业化国家重点龙头企业”称号的中国通天酒业。它占地12万平方米，是令人向往的旅游休闲胜地，国家4A级旅游景区。它创造了美轮美奂的葡萄酒世界，向游客呈现了葡萄酒文化的独特魅力。山葡萄种植示范园中山葡萄种类繁多。山葡萄为中国独有。而产业园中中国山葡萄博物馆则是国内唯一以山葡萄酒文化为主题的博物馆。这里的葡萄酒生产车间、原酒贮藏车间、功能性地下储酒窖在国内皆硬件设备领先，酿酒技术超前。中国葡萄酒能跻身世界名庄葡萄酒行列中，正因山葡萄具有独一无二的特色。探秘产业园，会有意想不到的收获。

山葡萄种植示范园，山葡萄的故乡

山葡萄是长白山特产，属东亚种独有的酿酒品种，中国独有。用山葡萄酿的葡萄酒绝对是中国葡萄酒的骄傲，越来越多的外国游客也因此慕名而来。在中国山葡萄文化产业园区内的山葡萄种类繁多，像优质的公酿一号、左山一、左山二、双优、双红、左优红、北冰红等山葡萄品种。葡萄园边上还种植了杏树、梨树、果树等几十个果树品种，每到春季，这里满园芬芳，香气沁人心脾；每到秋季，红绿相间，硕果盈枝，处处充满着勃勃生机。

原酒贮藏车间，葡萄酒生命的第二历程

步入园区会首先来到原酒贮藏车间，

酒庄有近千亩有机葡园，每年九月，葡萄成熟，挂满山坡的葡萄藤蔓挤满眼帘。置身其间，整齐划一的葡萄架上坠满了错落有致、垂涎欲滴的珍果，让人赏心悦目。

百吨罐群，拥有原酒贮藏罐56个，单罐存储量109吨，总储备能力6000余吨。在车间里参观，巨大的贮藏罐令人震撼。葡萄酒作为一种有生命的液体，有其生长与成熟的不同时期，且伴随一系列的内质的动态变化。发酵后的葡萄酒需经一定时间的陈酿后，才能达到其最佳感官质量。由酸涩、粗糙、浑浊向柔和、典雅、清亮方向转变。对葡萄酒进行严格周密的贮藏管理，是生产优质葡萄酒的第二阶段重中之重。葡萄酒的生命因此绽放光彩，变得更优雅、更细致、更完美。

中国山葡萄酒博物馆，酒文化的魅力

始建于2010年的中国山葡萄酒博物馆与总面积2670平方米的地下功能性酒窖浑然一体。这里是学习中国早期葡萄酒酿酒技术的好地方，更是深入挖掘长白山脉野生山葡萄酒酒酿造技艺的好地方。天时、地利、人和，让山葡萄酒得以传承，民族葡萄酒品牌得以传颂。博物馆内，光纤地图、互动交互体验、幻影成像令人轻松愉悦，如身处梦境一般，穿越了葡萄酒文化的百年历史。还有环形影幕讲述了通天人自强不息的发展奋斗史，放映有关葡萄酒文化的电影，让人感受酒文化的魅力。

带上博物馆纪念酒，值得玩味的酒香

带上博物馆纪念酒回家品尝，值得回味。它又名六朵金花，将山葡萄酒六种不同口感，淋漓尽致展现出来。

通天雅罗酒庄美酒配美食，微醺酣畅

翡翠座座入金杯，
紫色绛绛自北纬。
琼浆半杯有道法，
美名传扬千百辈。

美酒通神韵，佳酿天成香。比如通天霜后高级山葡萄酒，耐寒的山葡萄在经历寒霜之后呈现出更加甘甜的特质，为这款酒打上了特殊的烙印。

不仅如此，通天品牌的葡萄酒在各项葡萄酒大赛中屡获佳绩。如先后荣获中国名优葡萄酒、全国公众推荐名优品牌、亚太地区消费者满意品牌、中国驰名商标、国家级守合同重信用企业、地理标志保护产品、有机产品、中国葡萄酒行业十大品牌、布鲁塞尔国际烈酒大赛金奖、吉林省非物质文化遗产保护单位等众多殊荣。山葡萄酒成为中国葡萄酒之乡的金字名片。

酒庄里不容错过的酒

通天雅罗白葡萄蒸馏酒（葡香型）

葡萄品种：山葡萄

酒精度：52%vol

保留了葡萄酒悦人果香，兼具传统白酒醇厚甘洌，饮后不上头，不口渴，其酒体洁白剔透，闻香优雅飘逸，入口绵柔清冽，回味留口清香。葡香型白酒是唯一一种可以改善人体酸碱环境的白酒。2015年，荣获“布鲁塞尔国际烈酒大赛金奖”。

通天轩妮雅白冰葡萄酒

葡萄品种：威代尔冰葡萄

酒精度：11.5%vol

酒呈金黄色。弥散与口中柔软细腻，浓浓的果香萦绕于唇齿之间，在味蕾与酒液的激烈碰撞后，回味悠长。

意犹未尽还想带走的酒

通天晚收高级山葡萄酒

葡萄品种：山葡萄

酒精度：11%vol

美丽的红宝石色，具有长白山脉小浆果浓郁的蜂蜜花香、成熟野果香气及协调橡木香。酒体圆润丰满，浓郁柔顺，沁人心脾。

通天脱醇山葡萄酒

葡萄品种：山葡萄

酒精度：0.5%~1%vol

本品是一种酒精含量较低的葡萄酒，在酿造过程中，通过特殊工艺将酒精分离出来，降低热量的同时，完整地保留酒中的其他有益成分，酒体呈宝石红色，果香四溢，是一款适宜养生保健的时尚饮品。

庄园私房菜

酒庄内中西餐厅，尤其东北特色菜像林蛙炖土豆、大公鸡炖蘑菇、野猪肉炖酸菜等，可圈可点。还有各种山珍野菜，如刺嫩芽、刺五加、蕨菜等，连果盘都如此精致。

酒庄周边特色景点，计划不一样的线路游

★集安高丽文物古迹景区

距酒庄：约 6 千米

高句丽王城、王族遗迹，距今有 2000 多年历史。2005 年高句丽文物古迹景区被评为国家 AAAA 级旅游景区。禹山贵族遗址是高句丽晚期壁画的代表，是中世纪东北亚地区壁画艺术成就的重要标志。

★云霞洞 **距酒庄：约 40 千米**

位于通化市东郊的万寿山上，第四纪火山活动遗留下的一处天然洞穴，总长 4000 米，串联起 9 个各具特色的大型洞厅。洞内地貌奇特，石耳、石鹅管、石冰花等成岩标本弥足珍贵。洞沟古墓群沧桑的历史遗迹，让人领略高句丽文化的独特魅力。

鸭绿江河谷风光

云南酒庄旅游
热点推荐
云南香格里拉产区
香格里拉酒业
一生必去的香格里拉葡园圣地

Shangri-La Wine Company Limited

香格里拉，汉语意思是“心中的日月”，它犹如世外桃源，人间圣地。这是一生中必去的地方，去探访梅里雪山脚下的万亩生态葡园；去领略明镜般的高山湖泊，奔腾的江河，山间的迷雾；去翻越人烟罕至的原始森林；去体验小村庄藏民们返璞归真的生活……只有去过才能感受触碰心灵的美。不仅如此，香格里拉拥有大自然馈赠的阳光和高原上的土壤，是孕育酿酒葡萄的神奇天堂。无尽深远的历史与文化积淀，早已浓缩在来自天籁的美酒中。品一品葡园圣地诞生的芬芳酒香，更加震撼心灵！

大热点关键词

香格里拉，是世界优质葡萄酒的代名词，其魅力恰如“心中的日月”，如您心中所想。自2000年开始香格里拉酒业就开始在这片的土地上探索酿酒葡萄种植，不惜重金引进世界名贵品种，建立万亩优质、生态有机的酿酒葡萄园。

这里是世界高海拔、纬度低的酿酒葡萄园之一。香格里拉高原葡萄园位于海拔1800～2800多米金沙江、澜沧江干凉河谷两岸山坡上。在高原种葡萄实属不易，葡萄园相隔分散，但香格里拉酿酒团队克服千难万险，怀揣梦想，在云南省迪庆藏族自治州德钦县的三个村东水、斯农和西当建立了近500亩精品酿酒葡萄示范园。走近他们，零距离交流，您会被他们难能可贵的“匠人精神”所感动。

地形垂直分布，形成独特高山峡谷的立体气候，多样性土壤特征明显。高原葡萄园具有大自然赋予的独一无二的风土条件。独特的“湖光效应”和强烈的紫外线使葡萄含有独特的风味成分，含糖量高，香味浓郁。

葡萄享受着万年雪山融水灌溉。葡萄园年平均降雨量为350～600毫米，年蒸发量1240毫米，远大于降雨量。葡萄园降雨多集中在葡萄转色期前。充足的高山满足葡萄生长期对雨水的需要，葡萄享受着万年雪山融水灌溉。

远离污染，天然生态，严格限产。葡萄园地处藏区偏远地带，是生产生态葡萄酒的天堂。葡萄产量平均为300~500千克/亩，远远低于优质葡萄800千克/亩以下产量的要求。

酒庄地址：云南省迪庆州香格里拉经济开发区松园片区

景区荣誉：精品酿酒葡萄示范园。2016年3月通过生态原产地保护产品认证

酒庄门票：待定

预约电话：400-017-9993

www.shangeri-la.com

交通温馨提示

线路1：开车自驾行。开车走大丽高速，白汉场出口出高速，到酒庄约24千米，约27分钟。

线路2：飞机飞抵丽江三义机场，打车到酒庄约89千米，约90分钟。也可到丽江客运站转直达客车。到达开发区客运站后打车到酒庄约4千米，不到10分钟。

线路3：坐火车至丽江或者昆明站后，转直达客车，之后同线路2。酒庄所在地附近无火车站。

百度地图导航香格里拉酒业

沿着金沙江一带山路到达三个香格里拉迪庆天籁葡萄园其中的一个。路上都是风景，窗外的蓝天白云仿佛伸出手就能触摸。葡萄园就位于三江并流处。三江并流是指金沙江、澜沧江和怒江这三条发源于青藏高原的大江在云南省境内自北向南并行奔流170多千米，穿越担当力卡山、高黎贡山、怒山和云岭等崇山峻岭之间，形成世界上罕见的"江水并流而不交汇"的奇特自然地理景观。

在酒庄这么玩

香格里拉酒业的大门颇有特色，远远就能望见。厂区背依青山，可远眺梅里雪山白雪皑皑。走进参观，开启美妙的高原葡萄酒文化之旅。

厂区的酿酒车间参观，会有专业的酿酒师介绍青稞酒及高原葡萄酒的酿酒流程和方法。

葡萄园十分强调田园管理工作的精细化。香格里拉的酿酒师对给每块葡萄园都进行了分级，优选。

赤霞珠在这样的仙境中生长得充满活力。它们每天安静地享受着太阳、雪水和大自然的沐浴和洗礼，等待采摘的那一刻。

香格里拉酒业

看香格里拉美景，
品香格里拉美酒。

扫一扫二维码，酒庄微信公众号看更多精彩。

左一图：香格里拉的酿酒师们教会了当地的藏民如何管理葡萄园，如何采摘。每年的9月，进入采摘季，藏民们在葡萄园管理人的指挥下井然有序进行葡萄的采摘工作，还特意把一筐筐A级葡萄都栓上红绳子。她们身穿藏服，脸上洋溢着喜悦，在葡萄园的满目碧绿的映衬下，分外靓丽。

右一图：香格里拉酒业的大酒窖也颇具藏族特色。

右二图：从葡萄园徒步走进附近的村庄，随时都会见到一些虔诚的藏民摸着珠子，挂着笑意慢慢经过。走进藏民家中，他们的淳朴热情立刻让人有一种无拘无束的感觉。喝一碗热热的酥油茶，说一句“伽罗伽罗(藏语中的谢谢)”，心里暖洋洋。而香格里拉的酿酒师们如魔术师一般，要在葡萄酒中还原每一颗葡萄蕴含的天籁之音，还原这片土地的风土人情。

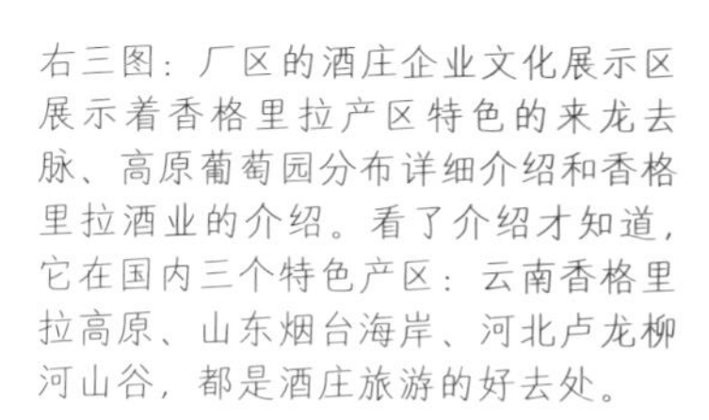

右三图：厂区的酒庄企业文化展示区展示着香格里拉产区特色的来龙去脉、高原葡萄园分布详细介绍和香格里拉酒业的介绍。看了介绍才知道，它在国内三个特色产区：云南香格里拉高原、山东烟台海岸、河北卢龙柳河山谷，都是酒庄旅游的好去处。

右四图：酒庄餐厅的陈设依然很有云南风情和藏族风情。餐厅内点缀的颜色——蓝、白、红、绿、黄，让人立刻联想到五彩经幡的颜色，分别象征着天空、祥云、火焰、江河和大地。

 香格里拉酒业美酒配美食，微醺酣畅

香格里拉酒业不愧是葡萄酒行业的领军企业。香格里拉葡萄酒是云南十佳名酒和云南名牌产品。“香格里拉”商标为云南省著名商标和中国驰名商标。香格里拉品牌被评为中国红酒行业十大影响力品牌和亚洲品牌500强。葡萄酒专家点评云南香格里拉最大的特点就是“十里不同天，一山有四季”，将气候的多样性和文化的多样性结合到一瓶酒里面，这在世界上其他地区不多见。

为使高原葡萄酒的品质不断提高，云南总部的实验室开展了各项科研课题研究，掌握香格里拉高原产区葡萄种植技术和风味物质特征，成功开发香格里拉海拔系列、高原A系列和高原小产区系列葡萄酒。它们自2008年上市以来，在诸多国内外葡萄酒大赛中摘金夺冠，累计荣获40余项奖项。更可喜可贺的是，其中由酩悦轩尼诗与香格里拉酒业合作酒庄出品的中国第一款超高端葡萄酒“敖云”作为国内首款300美金定价葡萄酒在海外面世。英国葡萄酒大师杰西斯·罗宾逊曾表示“很多葡萄酒都声称它具有唯一性，但敖云的唯一性是不可否定的”。酿造敖云的葡萄园都坐落在山上，每一块葡萄园的面积都很小，且海拔不一样，所有葡萄都是手工种植，产量很小，弥足珍贵。让我们一起祝福出品敖云的葡萄园在未来成为葡萄酒世界的香格里拉。

酒庄里不容错过的酒

香格里拉珍藏级高原生态干红葡萄酒

葡萄品种：高原赤霞珠

酒精度：13.5%vol

这是一片圣洁的净土酿造的生态美酒。无须言表它的复杂浓郁、层次分明的香气和令人回味的口感。即使远在天边，也让人恋上香格里拉的味道。

意犹未尽还想带走的酒

香格里拉高原A6干红葡萄酒

葡萄品种：高原赤霞珠

酒精度：13.5%vol

甄选香格里拉有机葡萄园赤霞珠葡萄为原料，通过酿酒大师对葡萄园的挑选、葡萄粒分选和法国酿酒工艺精心酝酿而成，经橡木桶陈酿12～18个月，酒窖瓶储6～12个月。

香格里拉青稞干酒

原料：青稞

酒精度数：13.6%vol

它有无法复制的独特口感。浓郁的香气(烤面包、奶油、巧克力、多种氨基酸混合后特有的香气）突出，味醇厚、圆润、细腻，余味悠长。

庄园私房菜

在这里喝上一杯酥油茶，也如品高原葡萄酒一般令人回味无穷。酥油茶是中国西藏的特色饮料，多作为主食与糌粑一起食用，有御寒、提神醒脑、生津止渴的作用。此种饮料用酥油和浓茶加工而成。先将适量酥油放入特制的桶中，佐以食盐，再注入熬煮的浓茶汁，用木柄反复捣拌，使酥油与茶汁溶为一体，呈乳状即成。与藏族毗邻的一些民族，亦有饮用酥油茶的习俗。

酒庄周边特色景点，计划不一样的线路游

★虎跳峡　　距酒庄：约 25 千米

虎跳峡是万里长江第一大峡谷。它以"险"名天下，山高谷深，雄奇险峻，是中国最深的峡谷之一。虎跳峡有香格里拉段和丽江段之分，而香格里拉虎跳峡是国家AAAA 级旅游风景名胜区。

★松赞林寺　　距酒庄：约 125 千米

它是云南省规模最大的藏传佛教寺院，被誉为小布达拉宫。该寺依山而建，外形犹如一座古堡，又有藏族艺术博物馆之称。

★梅里雪山　　距酒庄：约 322 千米

梅里雪山风景区以其巍峨壮丽、神秘莫测而闻名于世。它位于云南省迪庆藏族自治州德钦县西边约 20 千米的横断山脉中段怒江与澜沧江之间。平均海拔在 6000 米以上的雪峰有 13 座，被称为"太子十三峰"。主峰卡瓦格博峰海拔高达 6740 米，是云南的第一高峰，至今仍是人类未能征服的"处女峰"，也是唯一一座禁止攀登的高峰。

江西酒庄旅游
热点推荐
江西南丰蜜橘产区
华夏五千年生态酒庄
橘香醉人酒自醉

Chateau HuaXia 5000 years

南丰县气候怡人，曲江水萦绕着山丘，漫山蜜橘树苍翠葱茏。到了11月份，站在高处看，70万亩世界名果——“南丰蜜橘”，满山点点橘黄缀满葱茏树间。橘子红了，如同万盏灯笼，在苍翠中摇曳飘香。这美景不是花的艳丽妖娆和芬芳，却让人瞬间惊诧：这累累的果实，鲜艳的色彩，隐隐的果香，实在是另一番令人感叹的美景。置身橘园，轻雾缭绕，恍如仙境，酒庄旅行就在脚下伸展开。惬意地品尝独特的地方美食、华夏五千年美酒，在舌尖上回味无穷。

大热点关键词

华夏五千年生态酒庄，一个集酿酒生产、工业旅游、文化休闲于一体的生态园。来这里旅行，惬意地看着春天的橘花向秋天的果实进发；惬意地拥抱着自然山水，乐享四季风情；这里被历久弥香的人文所环绕，诗意盎然……

南丰蜜橘采摘。蜜橘作为南丰的代名词，栽培历史已有2000余年，自唐开元以来被历代皇室列为贡品，享有贡橘之美誉。每年11月是南丰蜜橘成熟的季节，橘都满山尽披黄金橘，橘农家家户户采橘忙。全县70万亩橘海可供采摘，酒庄内种植有50亩南丰蜜橘林，采摘时间一直持续到次年1月份。信步在橘海，一起来享受淡淡橘香的沁人空气，陶醉在“采橘中品尝，品尝中欣赏，欣赏中游逛”的农事乐趣中。

体验蜜橘酒酿造。酒庄以世界名果“南丰蜜橘”为原料酿造南丰蜜橘系列果酒。到了酒庄，您也可换上工作服进入剥皮车间现场体验参观南丰蜜橘机械去皮环节，尝一杯蜜橘果酒，喜欢的还可以作为礼物为家人带上一份。

骑行万亩橘海。南丰飘香的橘海、绚丽的风光、清新的空气，是许多户外运动爱好者施展运动技能的首选之地。

参加“橘海闻香”帐篷节。4月，橘花烂漫，橘香扑鼻，香而不腻。不少闻香而来的赏花客，在绿林花海中时而俯首闻香惊艳陶醉，时而穿梭来回惊喜拍照，惬意悠然。和家人朋友在连绵橘海中安营扎寨，支起帐篷，在营地内篝火、赛歌、野餐烧烤、品冰镇蜜橘酒，飞扬激情，嗨起来！

酒庄地址：江西省抚州市南丰县工业园区城北新区

景区荣誉：全国食品工业优秀龙头企业、江西省省级农业产业化龙头企业，全国百强食品企业

酒庄门票：免费

预约电话：0794-7162555

www.hxwqn.com

交通温馨提示

线路1：开车自驾行。开车走鹰瑞高速南丰出口，途径济广高速、环城南路、烟汕线，进入南建线，行驶590米即是。总路程约10千米，约15分钟。

线路2：飞机飞抵南昌昌北机场，出机场可至南昌高铁站坐动车前往南丰。再打车到酒庄约11千米，约16分钟。

线路3：坐火车到达南丰站，南丰站出，距酒庄约11千米，打车约16分钟。

线路4：坐长途车到南丰客运站，再打车到酒庄约4千米。

百度地图导航华夏五千年生酒庄

4月的南丰，无边暖意。爱好自助游的游客，相约南丰华夏五千年生态酒庄蜜橘基地。搭起帐篷，沉浸橘香，分外陶醉！这是令人非常畅快的休闲旅行。

在酒庄这么玩

这是华夏五千年生态酒庄的办公大楼。

华夏五千年生态酒庄在南丰橘文化旅游产业集聚区，周边景点多，距离近。

金秋时节，蜜橘和葡萄一样也到了采摘的时节。酿酒车间里体验蜜橘酒大生产的全过程，从蜜橘采购、剥皮、压榨出汁到发酵、蒸馏有条不紊地进行着。

置身橘园恍如仙境。橘花小巧、洁白素雅。它星星点点般绽放在绿叶间，若隐若现，清新淡雅的花香弥漫在空气中。世界橘都——南丰每年4月成了游客闻香而至的芳香小镇。

华夏五千年
ONION RED WINE
洋葱红葡萄酒
华夏五千年
酒精度:12%vol
净含量:375ml

华夏五千年酒庄

春赏花，夏避暑，
秋采橘，冬泡泉，
四季宜游。

扫一扫二维码，酒庄微信公众号看更多精彩。

左一图、右二图：酒庄的产品展示厅可谓琳琅满目。葡萄酒有皇家系列、皇宫系列、精品系列、龙标系列、橡木桶系列、干白葡萄酒等；蜜橘酒有橘焰、橘韵、橘颂，还有白兰地，送给朋友们、家人有很多选择。这里既有趣又能学习葡萄酒知识。玩“挑剔的眼睛”“贪婪的鼻子”“快乐的舌头”，轻松了解葡萄酒颜色、香气、味道的品鉴乐趣。

左二图：南丰这座橘都，绝不是您看来的只有“蜜橘”。它是一个来了就不想离开的地方。位于观必上景区内的车么湖，与绵延青山水天一色。湖岸四周橘树环抱，一派明丽的田园风光。湖中荡舟，非常惬意，这里是乡村旅游的绝妙之地。这里还有数百年历史的道观、庙宇、崖棺、古山寨、古建筑和罕见的方竹林。道家文化兴盛，颇有隐逸之风。

左三图：这是华夏五千年出品的一款健康酒，名叫洋葱红葡萄酒。属于干型葡萄酒。它采用先进的现代化酿造工艺，精选优质赤霞珠葡萄品种和新鲜的洋葱花瓣，经过多道工艺和程序深加工精酿而成，香气独特、口感圆润，给您带来不一样的品酒体验。该酒呈瑰丽的宝石红色，香气独特、入口柔顺，口感丰满圆润，不辛辣。每瓶容量只有375ml，比矿泉水的容量还小，既精巧又雅致。无论是自己在家饮用，还是外出携带，都非常方便。

右一图：邀上好友，骑行于万亩橘海当中，此项运动将自行车与倡导低碳生活的环保理念紧密相结合。

右三图：南丰蜜橘果酒发酵的过程和葡萄酒异同点。来酒庄会有专业的酿酒师讲解。酒庄拥有一万吨南丰蜜橘酒发酵能力，两万吨果酒贮存能力，有多项发明专利和实用专利，令听者们啧啧赞叹。

右四图：部分蜜橘果酒需要橡木桶陈酿，历久弥香，回味无穷。

华夏五千年酒庄美酒配美食，微醺酣畅

华夏五千年酒庄科技研发技术力量雄厚，拥有多项发明专利和实用专利，果酒酿造及对南丰蜜橘的深加工技术精湛。其中8%vol、11%vol南丰蜜橘酒荣获2011年度省级优秀新产品一等奖，2012年度省科技系统优秀新产品、重点新产品。南丰蜜橘白兰地荣获2011年度省级优秀新产品二等奖，2012年度省科技系统优秀新产品、重点新产品。

酒庄里不容错过的酒

南丰蜜橘白兰地橘焰

原料：南丰蜜橘

酒精度：52%vol

酒呈褐色，典雅庄重，是历经十年的陈酿，堪称“液体黄金”。散发着清新的果香、浓郁的酒香，混合着木香，浓烈馥郁，入口醇和优雅，橘香淡雅爽口，酒香浓烈甘醇。高度白兰地，配冰块或兑矿泉水饮用最佳。

南丰蜜橘颂

原料：南丰蜜橘

酒精度：11%vol

酒呈鹅黄色，清新怡人，澄清晶亮，散发着清爽的橘香，香气清新怡人，口感清爽柔顺，是夏日绝佳饮品。

5000龙干红葡萄酒

葡萄品种：赤霞珠

酒精度：12%vol

精选著名酿酒葡萄赤霞珠为原料，由首席酿酒师主理，经橡木桶陈酿精制而成。该酒呈优雅的宝石红色，具有纯正的橡木香，单宁如同天鹅绒般柔顺细致，酒体丰满，层次感强，回味悠长。

意犹未尽还想带走的酒

橘颂11度南丰蜜橘酒

原料：南丰蜜橘

酒精度：11%vol

该酒选用正宗南丰蜜橘为原料，引进先进酿酒设备，采用传统配方和现代工艺精酿而成，富含17种对人体有益成分，是绿色健康食品。酒呈金黄色，澄清透明，香浓味醇。最佳饮用温度8~12℃。

橘颂8度南丰蜜橘酒

原料：南丰蜜橘

酒精度：8%vol

酒液呈金黄色，澄清透明，香浓味醇。适合宴会、节日用酒，是馈赠高朋亲友的极佳礼品，最佳饮用温度8~12℃。它也是绿色健康食品，富含人体有益成分。

庄园私房菜

这里有地道的南丰美食。清汤、水粉、蛋菇，在这里才能吃出最地道的味道，配上一瓶低度南丰蜜橘酒，鲜香的味道立刻带上清新怡人的口味，吃的喝的都是自然的味道，朴实自然。最具特色的地方菜叫纸包。当地的豆腐皮包上肥瘦合宜的肉馅，配点香葱和韭菜，看着金黄，闻着香气诱人。清汤，江西名小吃，皮薄汤鲜，醇香扑鼻，是南丰宵夜的主打。水粉，亦是江西名小吃，早餐必享。

酒庄周边特色景点，计划不一样的线路游

★观必上乐园　　距酒庄：约 3.5 千米

国家 3A 景区。万亩橘园恢弘壮观，丹霞地貌引入入胜，千年古观教义深厚，车么岭湖水天一色。橘园采摘、绿色骑行、湖光揽胜、傩舞观赏令人流连忘返。

★石邮古傩　　距酒庄：约 10 千米

观赏流传千年的古代傩舞，欣赏各具特色的明清古建，领略溯溪荡舟的惬意，还能品尝农家特色菜肴，让人乐不思蜀。

★潭湖生态养生岛　　距酒庄：约 20 千米

国家 3A 景区。潭湖山水相依，目之所及，尽为画卷，被誉为“森林氧吧”，大量野生鸟禽栖息，处处生机勃勃。

江西君子谷野果保护区

君子谷野果世界
人与自然和谐的典范

Gentleman Valley's Wild Fruit World

1995年，创业者为了一个梦想，在君子谷设立了野果保护区。这个梦想便是：找个地方，把小时候见过、吃过的野果保护起来，待到年老退休后还可以看到、吃到。长期的梦想坚守，君子谷收集和保护了中国南方各种野果种质资源，构建了一个野果的种质资源库：君子谷野果世界。二十年来，君子谷经历了从创建野果保护区，到建设野果选优品系生态种植园，再到农产品精深加工的科学发展历程，成为一个生态优美、人与自然和谐共处，一二三产业融合发展的新典范。

大热点关键词

野果保护区和野果种质资源圃。君子谷是一个野果保护区。在这里，您会感受到人与自然和谐的情怀和真谛。1995年创业者因为一个梦想，开始在君子谷进行野果种质资源的收集和保护工作。今天，中国南方亚热带的野生水果在这里几乎都能找到，成为名副其实的野果世界。

野生刺葡萄种质资源圃及选优品系生态种植园。1995年，君子谷人在君子谷核心区建立野果保护区。2003年，君子谷人开始对君子谷野果保护区内的野果种质资源进行整理，并建立了君子谷野生刺葡萄种质资源圃。

森林公园。这里不仅可以领略亚热带的各种森林景观，还可以感受以野果为主题的生态文化，天气好的话还可以体验观山如观海的感受。

森林酒店及国际会议中心。酒店尊重自然地貌、森林景观特点，融合野果保护区的生态，是一座绿色、生态、林下景观浑然天成的完美生态之家。

生态酒庄。君子谷生态酒庄依托于君子谷野果资源保护区而建立，酒庄位于罗霄山脉东南深山区。这里环境优美，群山生态与酒庄风格交相辉印，把人与自然的和谐之美凸显在深山里。

野果集市及客家民俗风情。秋天，游览君子谷野果世界，会发现这里有个小小的野果“集市”。野柿子、山榄子、黄拿、棠梨子、竹节子、凉粉果、圆锥、酸枣、火棘、野金柑、野香蕉等五花八门的野果，叹为观止。

酒庄地址：江西省赣州市崇义县君子谷野果世界

景区荣誉：全国科普惠农兴村先进单位、江西省农业龙头企业、江西省农业科技园区

酒庄门票：69元/人

预约电话：0797-3861888

www.junzigu.com

交通温馨提示

线路1：开车自驾行。开车走厦蓉高速G76，走崇义出口，到达约35千米，约40分钟；也可走关田出口，约30千米，约40分钟。

线路2：飞机飞抵赣州黄金机场。距离君子谷约80千米。可乘车到崇义县后在前往君子谷。也可打车全程约2小时。

线路3：坐火车至赣州站。打车到酒庄约110千米，约2个半小时。

线路4：坐长途车到崇义长途车站，打车到酒庄约35千米，约75分钟。

百度地图导航君子谷野果世界

红色屋顶的楼房正是森林酒店及国际会议中心，群山环抱，仿佛一座绿色生态、林下景观浑然天成的完美生态之家。从这里漫步，走进谷地，山清水秀，林木葱茏，呼吸着新鲜的空气，聆听着汩汩山泉，随处可见的累累野果，金樱子、野杨梅、覆盆子、吊茄子……

在酒庄这么玩

君子谷野果世界导览图

主要由野果保护区、野果种质资源圃、野生刺葡萄选优品系生态种植园、野果酒庄、农民学校、森林公园等组成。

山与山相连，山与天相接，倘若遇到好天气，找到一个最高点，便可享受“不畏浮云遮望眼，只缘身在此山中”的乐趣。

君子谷野果世界

百草丰茂、众鸟翔集、
物种丰富，一座体验生态、
尝鲜野果、品鉴美酒的伊甸园。

扫一扫二维码，酒庄微信公众号看更多精彩。

左一图：一望无际的绿，蕴藏着数不尽的优选和生态，刺上的浆果，用自己的生命，去吮吸大地的馈赠，去奉献自己的灵魂。酿成酒的“英雄”，都驻扎在这。

左二图：在湖畔亭台小榭中静静地坐一坐，大有“独坐幽篁里”的清寂，然而眼前的景观却令人赏心悦目，满心欢悦，芳草萋萋，山花烂漫，香艳满枝，景色如画。

右一图：一场野果与酒精的舞会，在这个“城堡”中举行，风中挟着酒的清香，橡木桶像舞会里的保镖，护送着美妙的佳酿，这里便是我们的酒庄——君子谷野果世界。

右二图：闲看云卷云舒，静听花开花落是一种超凡的生活境界，有人说，仁者乐山，智者乐水，而这里就是仁者的天堂。

右三图：野果飘香，山花烂漫，红与绿是这里最原始的搭配 ，如果你来，没看到那长在山里的傲看风云的山花，便是一种缺憾。

君子谷不容错过的酒

干红葡萄酒

君子谷野果世界位于罗霄山脉东南深山区。这里百草丰茂，众鸟翔集，物种丰富；这里是野果的天堂，野果琳琅，叹为观止；这里既是一座生态酒庄，更是一座体验生态、尝鲜野果、品鉴美酒的伊甸园……

野出新滋味，果然与众不同！

意犹未尽还想带走的饮品

野果醇

罗霄山脉深山区是一个天然野果资源宝库，君子谷野果世界致力于野生水果的开发及利用。本品是采用手工采摘的优质野生杨梅，以及野生选优品系生态种植的刺葡萄等进行100%的纯汁酿造，经过严格的科学工艺生产而得到的纯汁野果酒，香气浓郁，口感醇厚，回味悠长。

摇曳舌尖的美食，激活味蕾！

庄园私房菜

君子谷位于“中国竹子之乡”，有着丰富的客家文化，百菇宴、全竹宴、客家菜等生机盎然的绿色珍品，让你充分感受人与自然和谐的魅力。此外，九层皮作为《舌尖上的中国》推荐的糕点之一，也是赣南普通百姓家常见的饭后甜品。

百菇宴

全竹宴

九层皮

酒庄周边特色景点，计划不一样的线路游

★客家梯田群　　距酒庄：约 15 千米

上堡梯田被上海大世界基尼斯评为“最大的客家梯田”，是国内三大梯田奇观之一。

★齐云山国家级保护区　　距酒庄：约 15 千米

赣南第一高峰，候鸟迁徙通道。

★阳岭国家森林公园　　距酒庄：约 35 千米

国家 4A 级景区。亚热带原始森林，苍山翠竹间有古寺、观音庙等古迹，是中国负氧离子最高的风景区（吉尼斯记录）。

附录

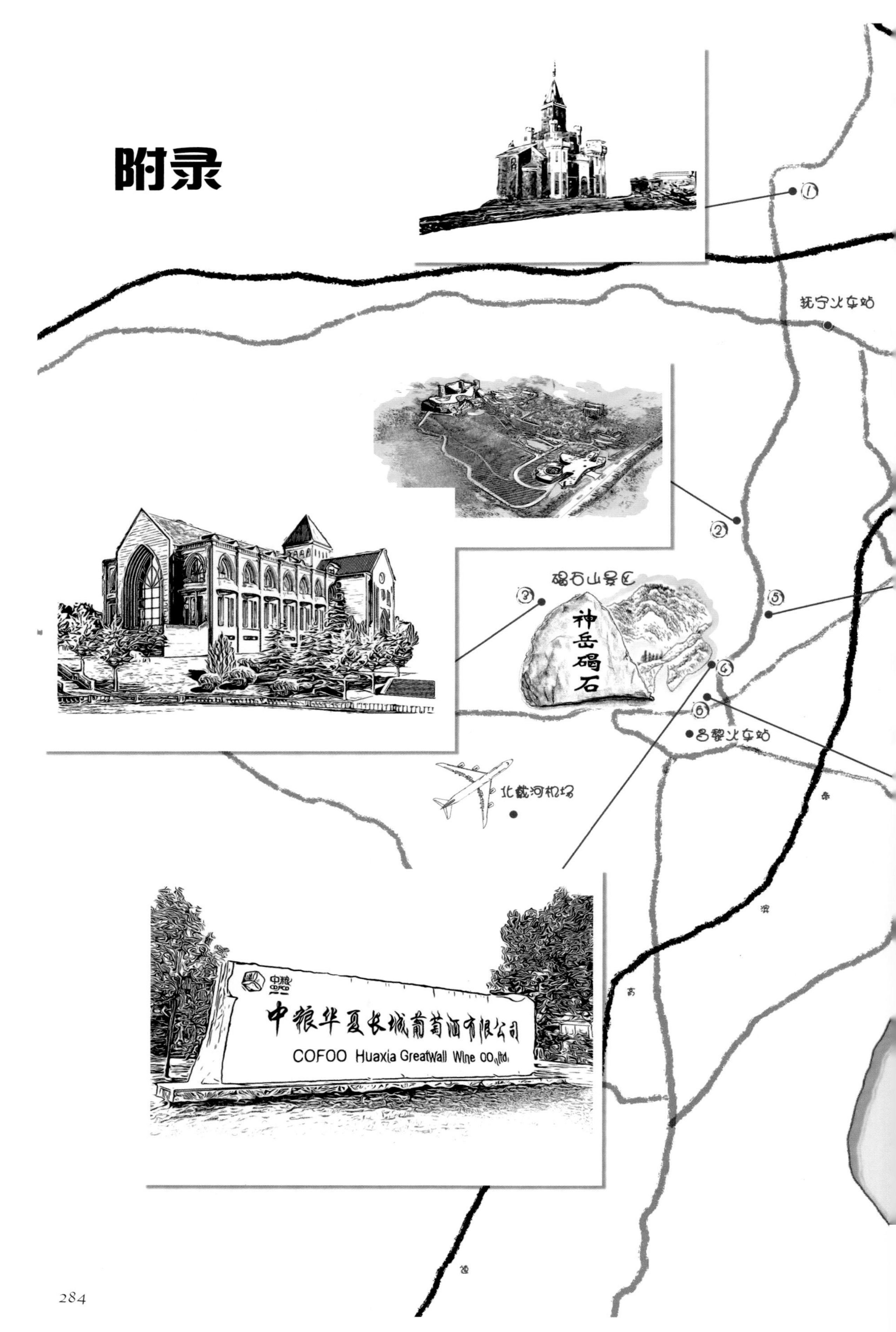

①
抚宁火车站
②
碣石山景区
③
神岳碣石
⑤
⑥
⑥
昌黎火车站
北戴河机场
中粮华夏长城葡萄酒有限公司
COFOO Huaxia GreatWall Wine CO.,ltd.

北
秦皇岛火车站
北戴河火车站
渤
海
河北酒庄旅游地图—1
① 仁轩酒庄•抚宁
② 金士国际酒庄•昌黎
③ 茅台凤凰酒庄•昌黎
④ 长城华夏酒庄•昌黎
⑤ 朗格斯酒庄•昌黎
⑥ 茅台葡萄酒洞•昌黎

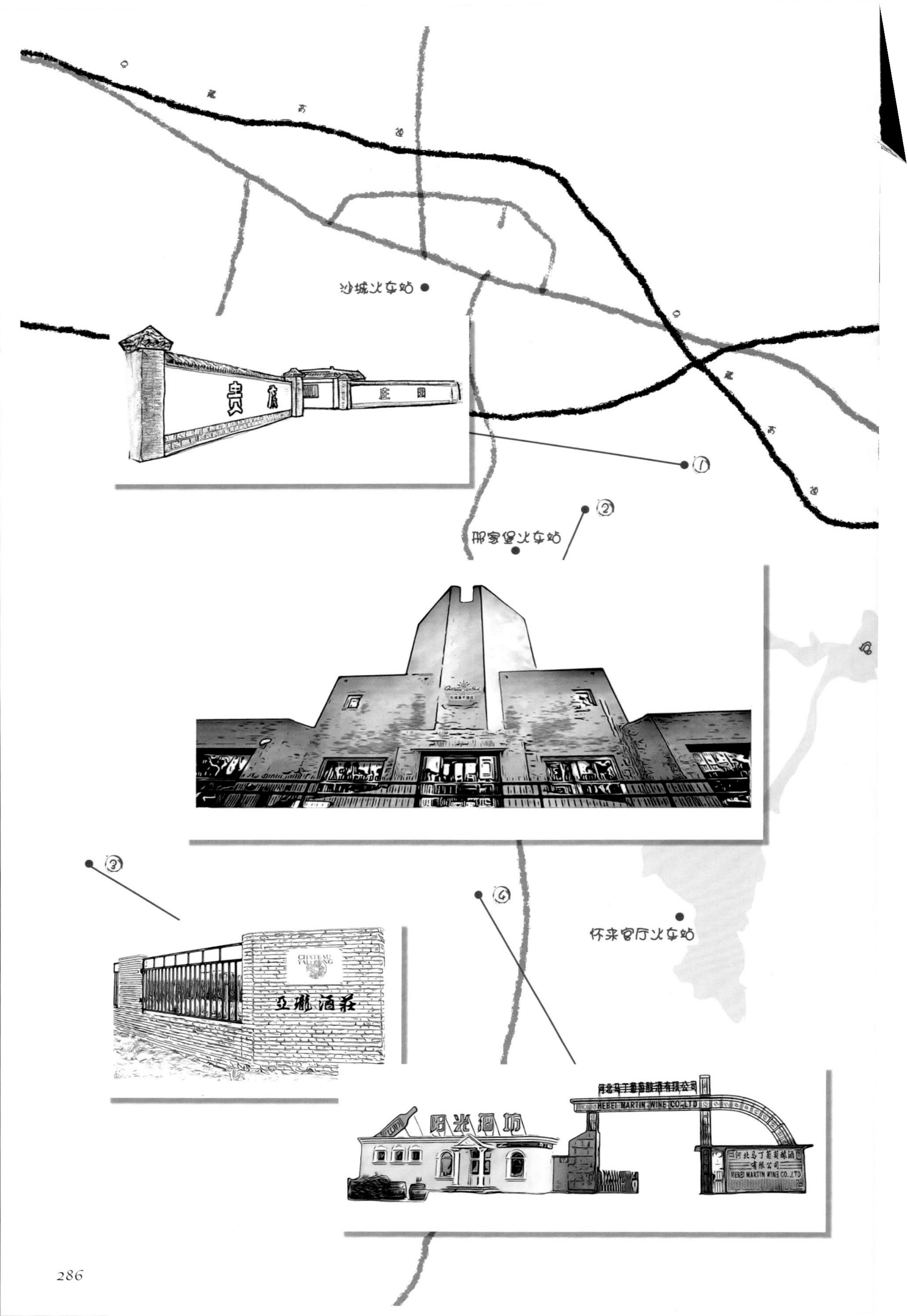
沙城火车站
贵族
庄园
①
②
邢家堡火车站
③
⑥
怀来官厅火车站
亚珑酒庄
CHATEAU
阳光酒坊
河北马丁葡萄酿酒有限公司
HEBEI MARTIN WINE CO.,LTD
河北马丁葡萄酿酒
有限公司
HEBEI MARTIN WINE CO.,LTD

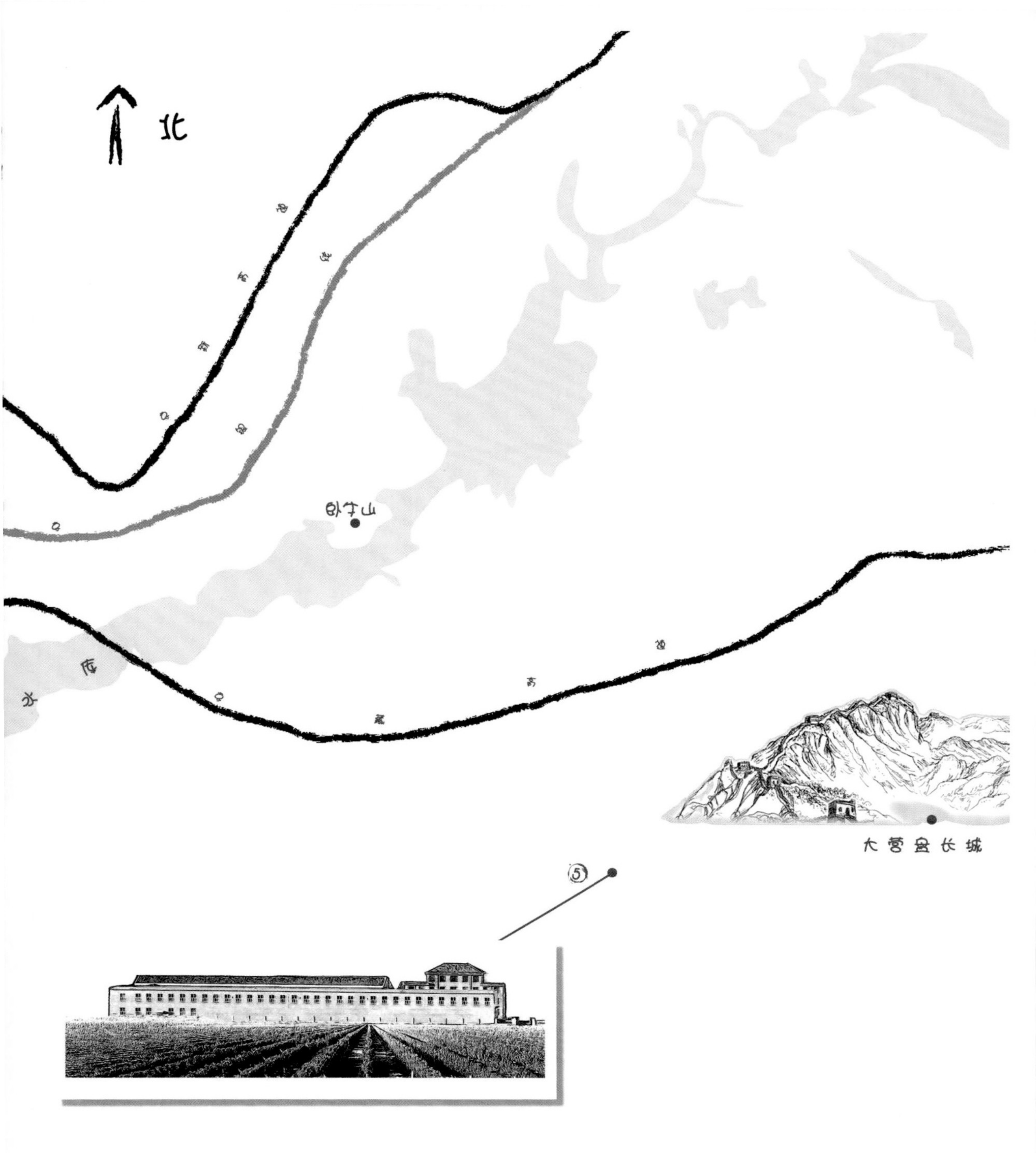

河北酒庄旅游地图—2

① 贵族庄园•怀来

② 长城桑干酒庄•怀来

③ 涿鹿亚珑酒庄•涿鹿

④ 马丁酒庄•怀来

⑤ 紫晶庄园•怀来

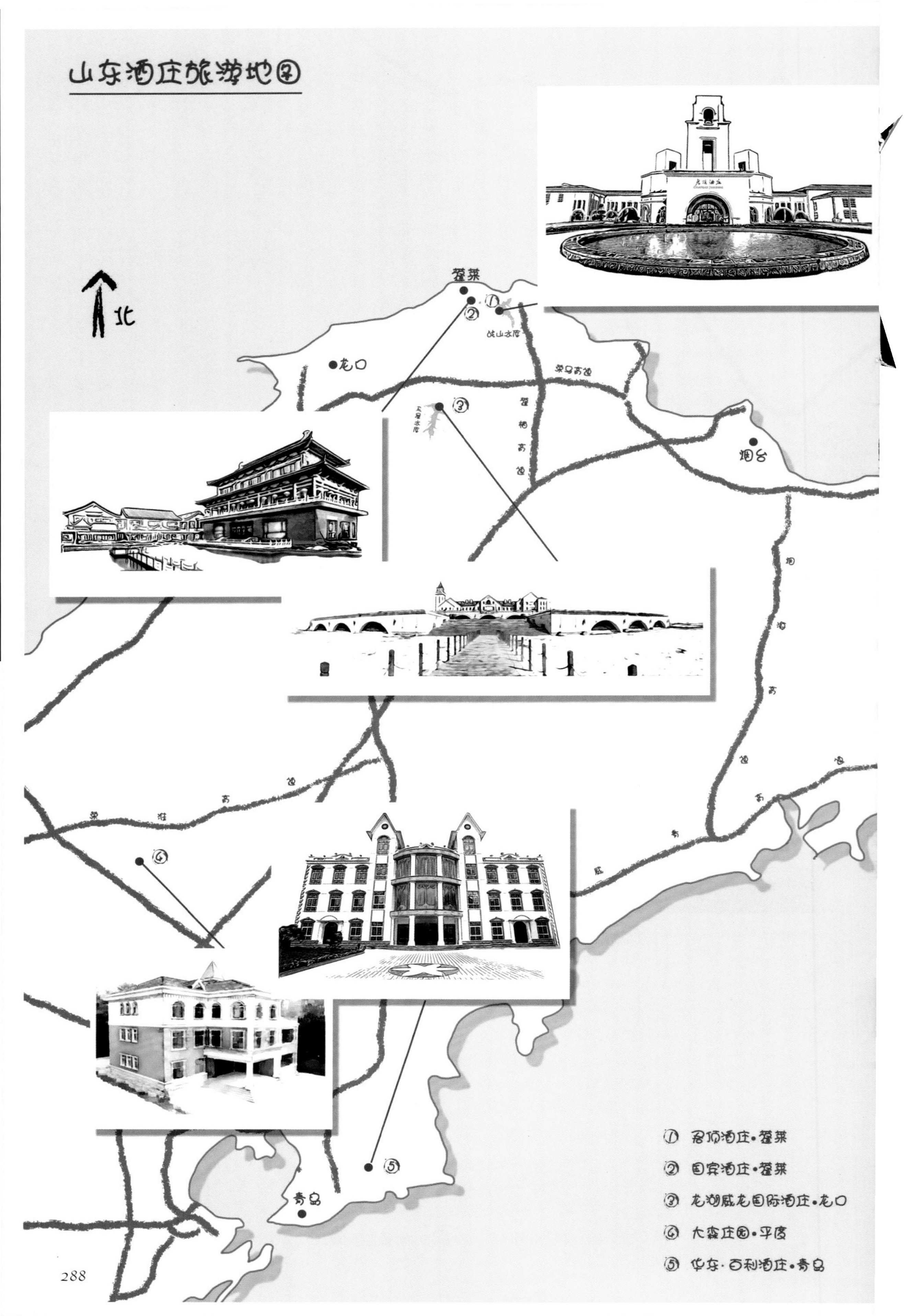
山东酒庄旅游地图
北
蓬莱
龙口
烟台
青岛
荣乌高速
蓬栖高速
荣潍高速
① 君顶酒庄•蓬莱
② 国宾酒庄•蓬莱
③ 龙湖威龙国际酒庄•龙口
④ 大森庄园•平度
⑤ 华东·百利酒庄•青岛

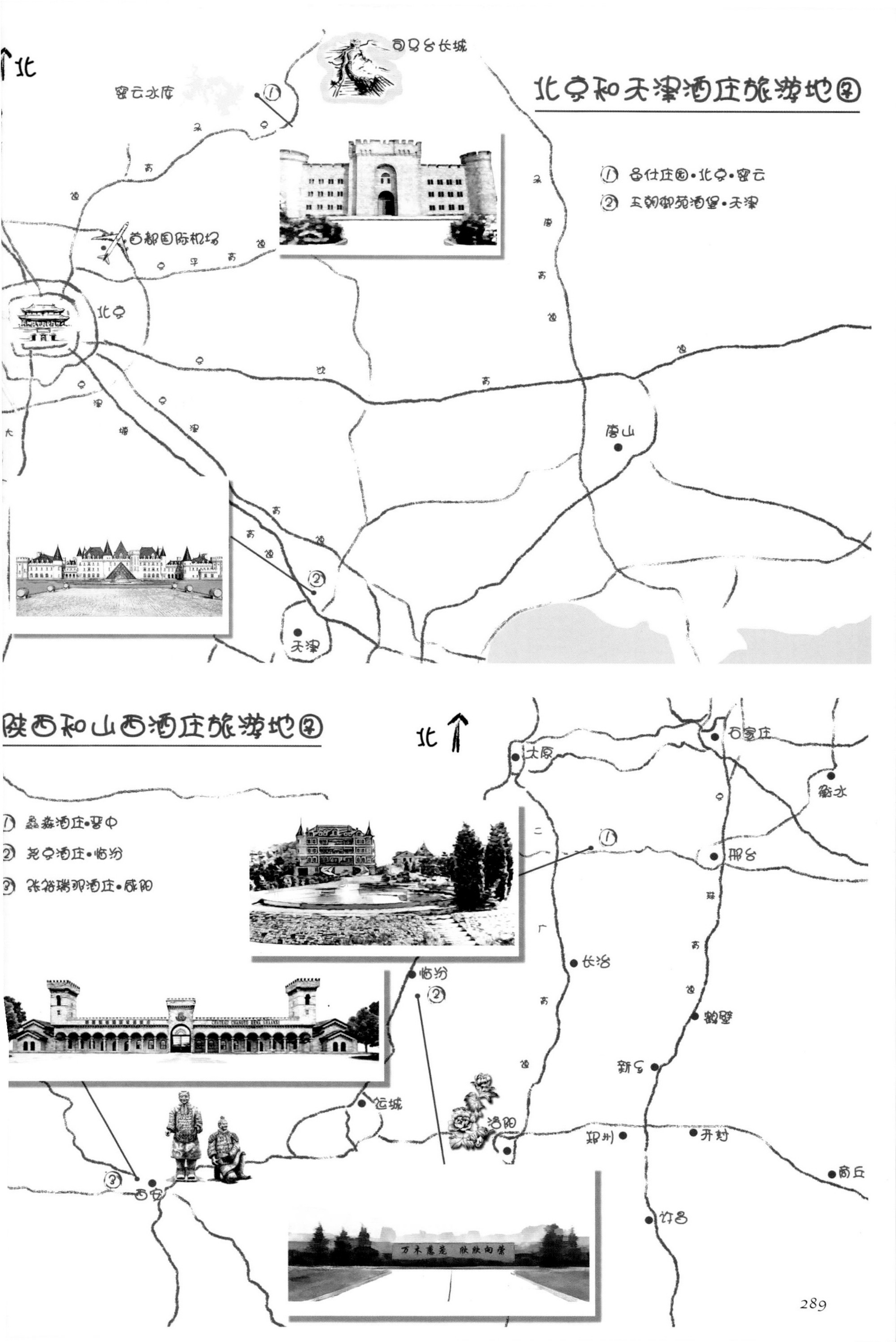
北京和天津酒庄旅游地图
① 邑仕庄园·北京·密云
② 王朝御苑酒堡·天津
北
司马台长城
密云水库
首都国际机场
北京
唐山
天津
陕西和山西酒庄旅游地图
① 鑫森酒庄·晋中
② 尧京酒庄·临汾
③ 张裕瑞那酒庄·咸阳
北
太原
石家庄
衡水
邢台
长治
临汾
鹤壁
新乡
运城
洛阳
郑州
开封
商丘
许昌
西安
万木葱茏 欣欣向荣

宁夏、甘肃和内蒙古酒庄旅游地图

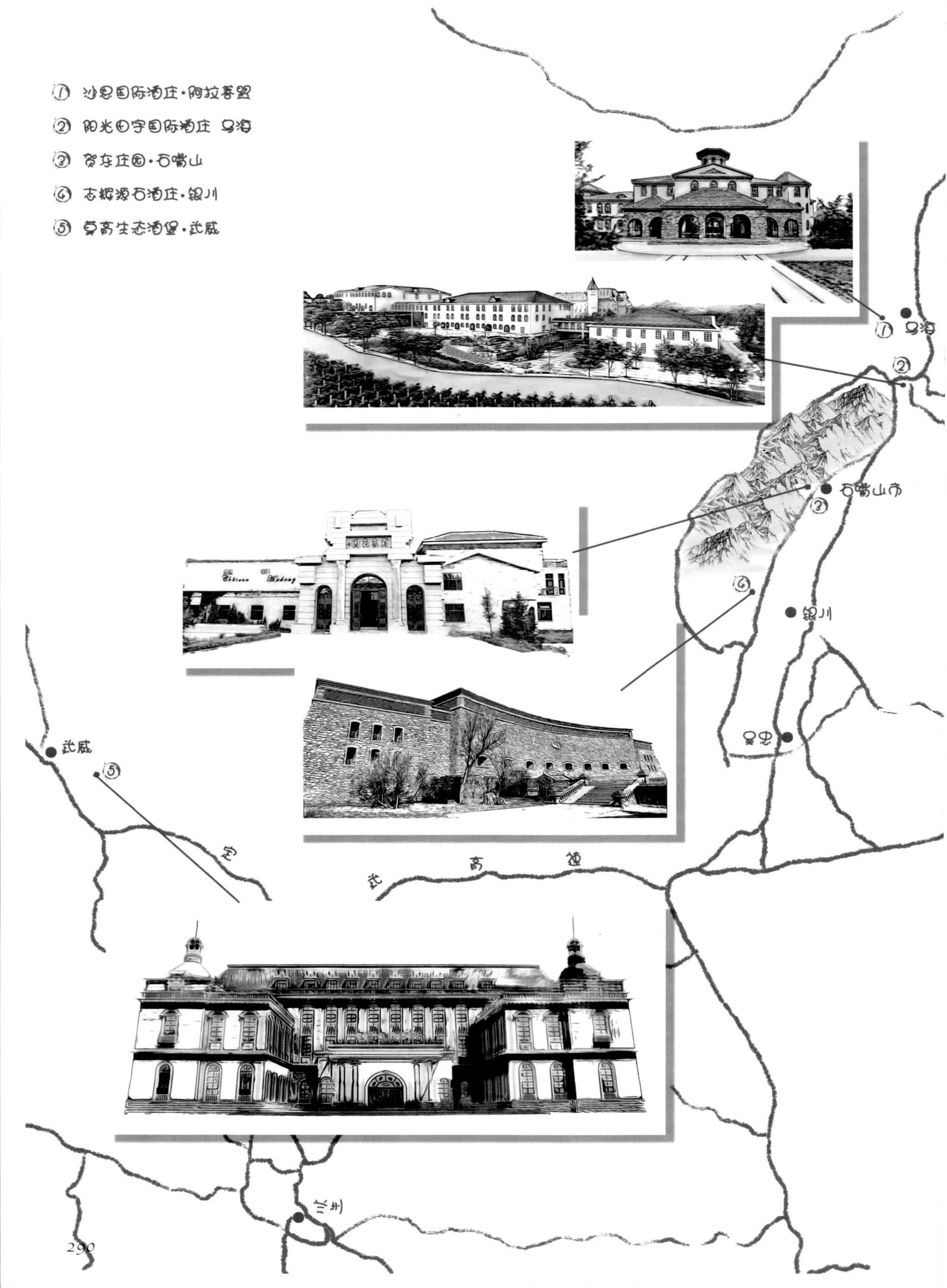

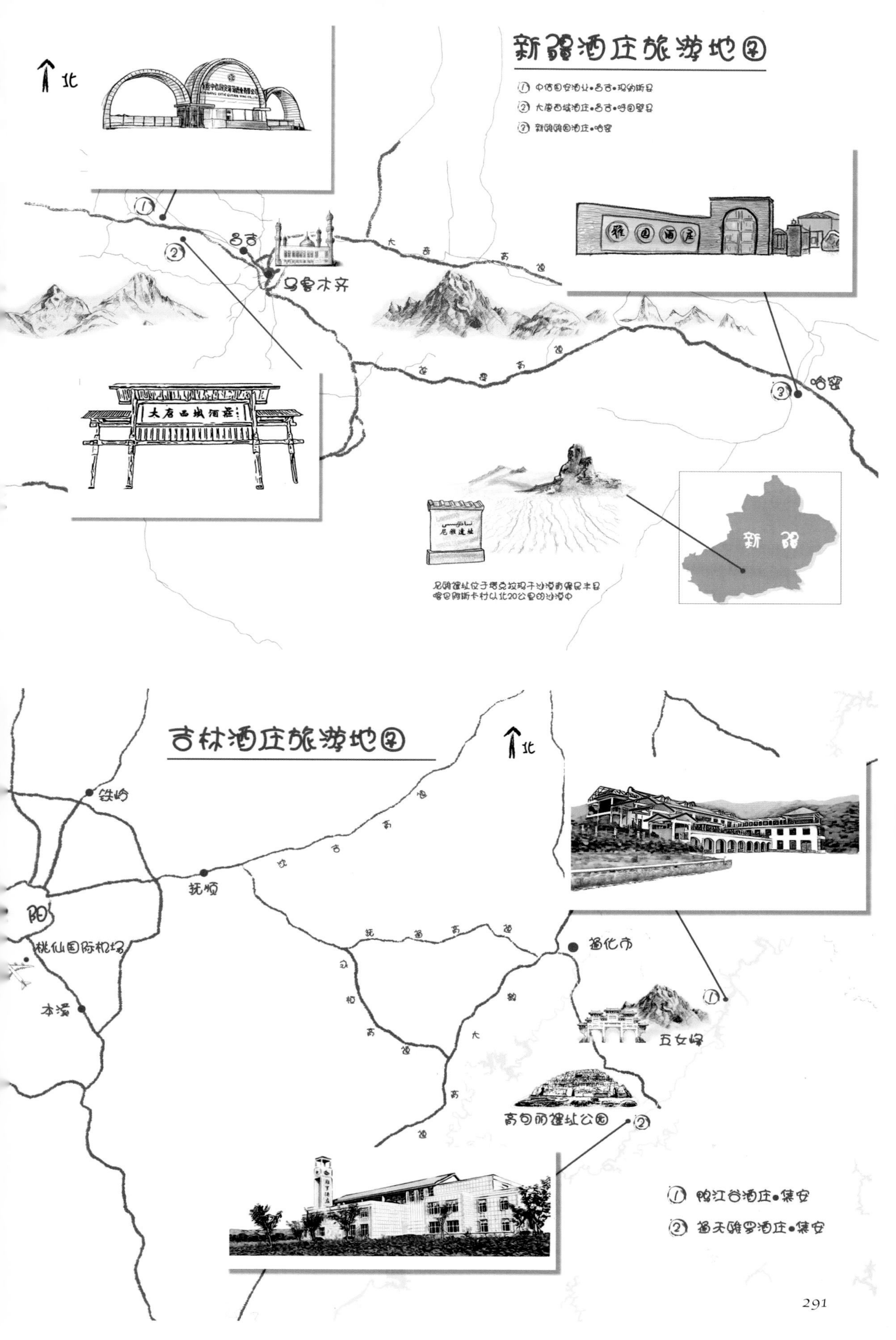
新疆酒庄旅游地图
①中信国安酒业•昌吉•玛纳斯县
②大唐西域酒庄•昌吉•呼图壁县
③新疆雅园酒庄•哈密
北
昌吉
乌鲁木齐
哈密
大唐西域酒庄
雅园酒庄
尼雅遗址
尼雅遗址位于塔克拉玛干沙漠南缘民丰县
喀巴阿斯卡村以北20公里的沙漠中
新疆
吉林酒庄旅游地图
北
铁岭
抚顺
阳
桃仙国际机场
本溪
通化市
五女峰
高句丽遗址公园
沈吉高速
抚通高速
①鸭江谷酒庄•集安
②通天雅罗酒庄•集安

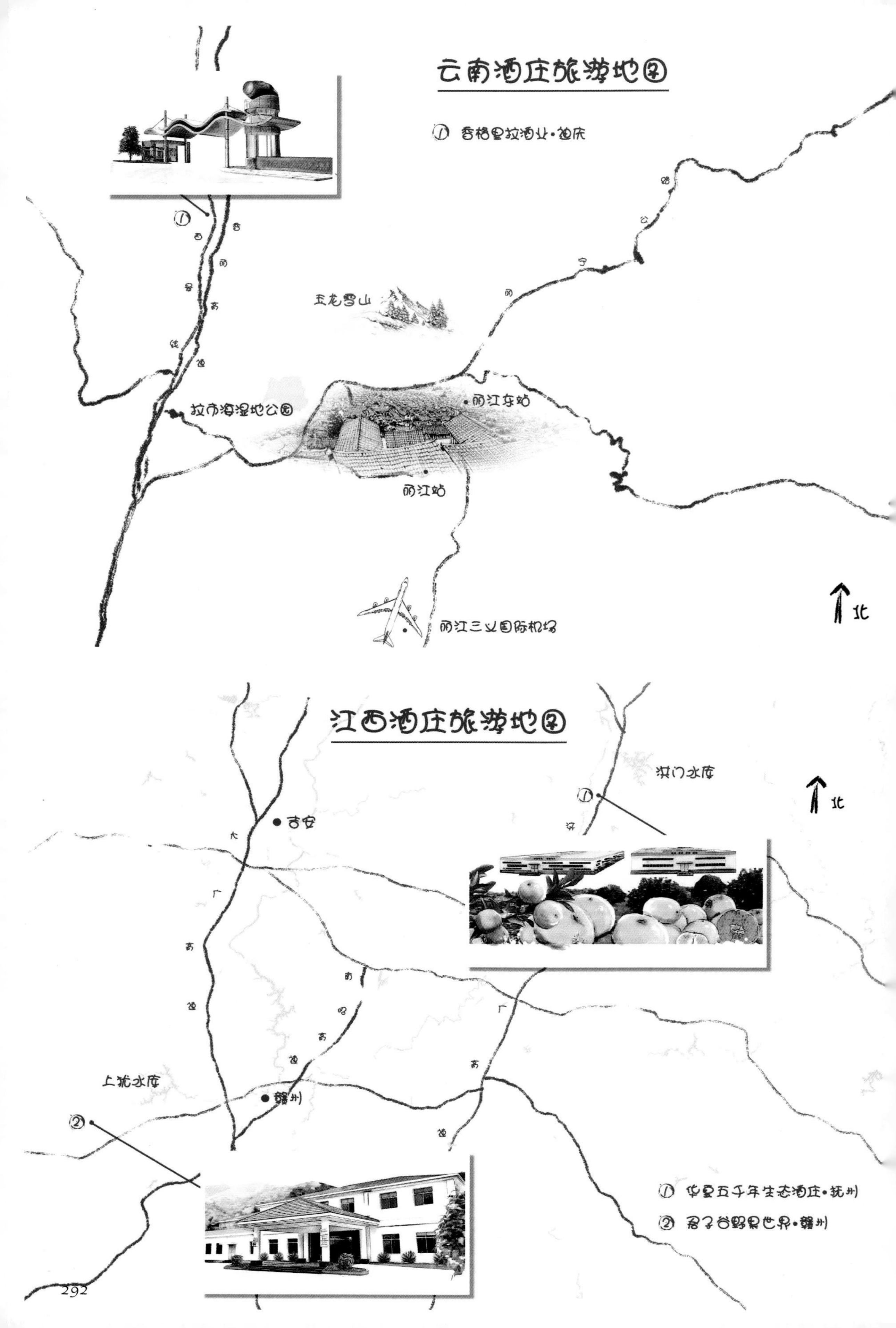

云南酒庄旅游地图
① 香格里拉酒业•迪庆
玉龙雪山
拉市海湿地公园
丽江东站
丽江站
丽江三义国际机场
北
江西酒庄旅游地图
洪门水库
北
吉安
上犹水库
赣州
① 华夏五千年生态酒庄•抚州
② 君子谷野果世界•赣州